河南省文物建筑保护研究院

河南木构建筑彩画

——明清卷

陈磊　杨予川　著

天津大学出版社
TIANJIN UNIVERSITY PRESS

图书在版编目（CIP）数据

河南木构建筑彩画：明清卷：河南省文物建筑保护研究院/陈磊，杨予川著 —天津：天津大学出版社，2020.11
ISBN 978-7-5618-6834-8

Ⅰ.①河… Ⅱ.①陈…②杨… Ⅲ.①木结构–古建筑–彩绘–研究–河南–明清时代 Ⅳ.①TU-851

中国版本图书馆CIP数据核字（2020）第233221号

策划编辑　郭　颖　韩振平
责任编辑　郭　颖
装帧设计　潘雨笛　谷明杰

出版发行　天津大学出版社
地　　址　天津市卫津路92号天津大学内（邮编：300072）
电　　话　022-27403647
网　　址　www.tjupress.com.cn
印　　刷　北京华联印刷有限公司
经　　销　全国各地新华书店
开　　本　235mm×302mm
印　　张　13.5
字　　数　290千
版　　次　2020年11月第1版
印　　次　2020年11月第1次
定　　价　158.00元

序一 | 吕舟

陈磊、杨予川的著作《河南木构建筑彩画——明清卷》源于陈磊攻读工程硕士时的研究论文。新著在原有研究的基础上又补充了许多重要的材料，对明清时期河南建筑彩画的情况做了记录、梳理和研究，具有重要的文献价值。

河南是我国的文物大省，文物遗存极为丰富。古墓葬、古建筑、石窟石刻都有大量遗存。古代建筑是河南文物遗存的重要部分，许多建筑都是研究中国古代建筑制度、建筑做法的重要案例，是研究中国古代建筑历史的宝贵资料。

木构建筑彩画作为中国古代建筑的重要做法之一，有着极为悠久的历史，从早期的"木衣绨绣"到后来的"五彩遍装"，再到明清时期较为程式化的彩绘制度，彩画一直发挥着彰显建筑等级、展现建筑地位、反映主人财富和文化品位的重要作用。这种作用也反过来促进了彩画本身不断变化，适应时代的变迁，同时带动工匠工艺技巧的演化，迎合业主的品位。

建筑涉及文化、经济、社会、技术、材料、工艺等方方面面复杂的问题，建筑彩画同样有极为丰富的内涵。彩画不仅反映了等级、形制、技术、材料等复杂的营造内容，更反映了审美、民俗等丰富的文化内容，具有重要的文化价值。河南古代木构建筑上的彩画正反映了这样丰富的内容，展现了河南地区彩画从早期出现到成熟发展的完整过程。《河南木构建筑彩画——明清卷》中记录的明代之后彩画做法和内容不仅表现了河南地区彩画做法与明清时期官式建筑彩画的密切关系，也反映彩画制度在民间文化和习俗的滋养下的丰富变异。在彩画的内容和题材方面不仅具有常见的传统题材，更有丰富多样的反映民间社会生活的内容。这些内容对于人们理解和认识当时当地的社会生活无疑具有独特的价值和意义。

关于彩画的研究可以有许多不同的角度。《河南木构建筑彩画——明清卷》对河南木构建筑现存的彩画进行调查、记录，对营造技艺进行分析，与官式彩画及河南周边地区彩画展开比较，并对彩画反映的文化因素进行了分析，较为整体地展现了河南明清时期木构建筑彩画的面貌与特征，也为未来对河南地区彩画及更广阔地域范围的彩画开展研究创造了良好的条件。

希望陈磊、杨予川的著作《河南木构建筑彩画——明清卷》能够促进彩画研究的发展，促进从彩画的题材到内容的文化学研究，帮助读者更深入地认识其中蕴含的文化意义。

2020 年 10 月于清华大学

序二 | 王仲杰

　　彩画是我国木构古建筑的重要组成部分。八十余年来（笔者按：指梁思成先生著《清式营造则例》以来），北京的明清时期官式彩画研究工作虽然时断时续，但近些年专家、学者、匠师都有著述面世。目前，北京的明清时期彩画基本研究清楚了。

　　各地的地方老彩画调查研究工作起步稍晚。目前部分省份已有人着手研究并著述。但从整体上讲仍处于起步阶段。鉴于种种原因，地方彩画研究的难度远远超过了明清官式彩画的研究工作。

　　陈磊、杨予川所著的《河南木构建筑彩画——明清卷》填补了中原一带（彩画研究的）空白。望以此为始，将中原一带明清时期老彩画的始末彻底弄清楚，以利于老彩画的保护。

　　以上几句短语，权且为序。望同仁们指正。

王仲杰

2017 年 4 月 16 日

序言

彩画是我国木構古建筑的重要組成部分。八十余年来，北京的明清时期官式彩画研究工作，虽然时断时续，但近些年来，许多专家、学者、匠师都有著述面市。目前北京的明清时期的彩画基本清楚。

各地的地方建彩画调查研究工作起步较晚，目前部分省份正有人着手研究并有論魂。

著述，但从总体上讲仍处於起步阶段。鉴於种种原因，地方彩画研究的难度远远超过了明清官式彩画的研究工作。

陈绍华的《河南木構建築彩画——明清卷》填補了中原一带空白，並以此为始，得中原一带明清时期糊花彩画的技朮得未而清晰呈现。

以梳子卷彩画的详析，以上几句感悟，权且为序，望同仁们指正。

　　　　王仲杰 二〇一〇年冬月

十年磨一剑。陈磊、杨予川两位同志的这部《河南木构建筑彩画——明清卷》即将付梓。应陈磊同志之邀，略述浅见，以示祝贺，并向读者推荐。

根据河南省文物建筑保护研究院等单位初步调查，河南明清时期的 45 处建筑群、100 多座单体建筑中存留有历史彩画。这些彩画涉及文庙以及佛教、道教、伊斯兰教建筑等，个别民居、陵墓建筑中也有保留。这些彩画作为历史实物遗存，不仅具有极为重要的历史、艺术价值，而且承载了传统文化的诸多信息，其形式与内容、用途与功能、材料与实体、位置与环境、传统与技术、精神与情感，都是河南历史文化遗产的重要组成部分，反映出中原地区彩画作的技艺特点及其背后所蕴含的社会文化风俗和传统观念。这些建筑彩画由于年代久远，长期受温湿度、光照、酸性微粒、微生物等因素的影响，均存在不同程度的褪色、变色、空鼓、酥解、疏松、龟裂、起甲、脱落、剥离等病害，致使珍贵的文物建筑彩画正在逐步丧失原有的历史信息、历史价值和艺术价值。令人担忧的是，由于缺乏足够的重视，专业人才匮乏，对古建筑彩画的研究和保护长期没有大的进展。针对河南古建筑彩画的研究和保护，更是没有专业性、系统性的论著。《河南木构建筑彩画——明清卷》是第一部研究当前我省古建筑彩画的专著，填补了河南文化遗产保护研究领域的空白。

本书首先是对河南省现存明清时期古建筑彩画的全面汇总，共收录了 23 处 65 座单体建筑的彩画信息，具有极高的资料价值。在信息的收集上，也突破传统的方法，采用先进的多光谱技术、中画幅相机拍摄、X 射线荧光分析仪等，全面开展保存现状的基础调查研究。在调查的内容上，除调查、收集有关彩画规制、纹样、古代制作工艺和保存现状等第一手资料，也开展了保存环境调查、病害种类调查、彩画所依附文物状况等信息的采集和记录整理，非常全面、系统。对彩画本身的研究，也是全方位的，不仅涉及现状的描述，还有彩画含义的分析以及对社会文化背景的探讨，等等。其次，在深入调查研究、全面掌握信息的基础上，本书分析了现存彩画保存状态，开展了现场局部实验，探讨了保护技术路径，为科学传承和保护修复提供了坚实的理论和实践支撑。这都是这部著作值得称道的地方。

近年来，河南省文物建筑保护研究院坚持科研立院、学术兴院，采取多种措施，大力促进科研工作，科研人员发表、出版了一系列专业论文和著作，为我省文化遗产保护研究事业作出了应有贡献。在工作实践中，我们强烈认识到古建筑彩画保护的重要性、紧迫性，深感做好古建筑彩画保护研究工作责任重大，时不我待。我们及时选派本书作者陈磊等同志参加国家文物局的彩画保护研究培训班，并邀请故宫博物院、中国文化遗产研究院等单位的彩画保护专家来河南开展专题讲座，组织了"河南省古建筑历史遗存彩画现状抢救调查与初步研究""沁阳北大清真寺彩画信息采集"等课题，对河南省重点区域的彩画遗存情况进行了初步统计、归纳和研究，为进一步开展彩画的理论研究和保护实践打下了坚实基础。上述这些工作，基本由陈磊主持，杨予川等同志参与完成。

陈磊同志自1996年开始从事文化遗产保护工作，在古建筑研究、文物建筑保护设计等方面具有丰富的实践经验和深厚的理论修养。之所以说十年磨一剑，是因为她从2009年肇始研究古建筑彩画至本书成稿整十年。当时她放弃原本熟悉的木构建筑保护研究领域转向古建筑彩画研究领域，是需要极大勇气并冒着一定风险的。陈磊同志没有畏惧、没有退缩，从零开始。在前辈师长的支持下，她始拜师故宫博物院彩画研究泰斗王仲杰先生，后又专门到清华大学学习。在此期间，她始终兢兢业业，刻苦钻研，对全省的古建筑彩画进行了系统的调研和信息采集，并发表了《周口关帝庙建筑彩画艺术研究》《浅议河南文物建筑彩画保护研究》等十余篇彩画研究文章。她以河南明清时期的建筑彩画为题完成了清华大学硕士研究生学位论文，取得了十分令人满意的成绩。在清华大学硕士毕业论文《河南明清建筑彩画》的基础上修改完成的这一著作，是她在古建筑彩画保护、研究方面最全面、最系统、最深入的一次总结，也是对她这些年艰苦付出的最好回报。陈磊同志取得的显著成绩，在一定程度上改变了我省在古建筑彩画保护、研究方面力量不强的现状，从提升我省文化遗产保护研究水平这个角度来说，更具现实意义。

当然，本书既是我省古建筑彩画研究方面的第一部专著，也是陈磊同志在这个领域的初步成果，自然会存在着一些不尽如人意的地方。限于文献记载、信息获取、实验设备等方面的原因，本书所录均为河南省文物建筑彩画的遗存现状。为最大限度地保留彩画的历史信息，有些名词称谓也保留了河南彩画匠师的习惯叫法，这与明清官式彩画、江南彩画及周边省份彩画在名词称谓上有所不同。本书在河南省古建筑明清彩画与明清官式建筑彩画、江南建筑苏式彩画、其他地方彩画的比较研究上还缺乏深度，对现存建筑彩画的原材料分析上还可以扩大检测和实验范围，对建筑彩画的保护路径方面还可以提出更加科学的、可操作的具体措施。当然，作为基础性的研究著作，不可能把所有的问题都涉猎、讲清。我相信随着本书的出版，河南古建筑彩画的研究和保护领域一定能够涌现出更多高水平的成果，更充分地满足古建筑彩画保护的现实需要，让古建筑彩画这一珍贵的历史文化遗产更好地传承下去。我们期待这一天尽快到来！

杨振威

2020年10月

目录

第一章・引言

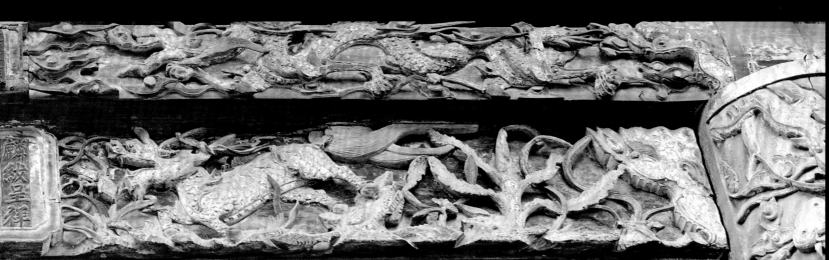

第一章·引言

作为中国古代建筑的重要组成部分，建筑彩画极具特色，同时也是中国古代文化、建筑工艺及工程技术的重要部分，是中国古代建筑研究领域中的一项重要课题。学术界有关传统彩画的研究，涉及建筑学、历史学、社会学、民俗学、伦理学和符号学等学科，论述颇多，成果丰富，内容主要包括彩画历史、图案及其传统工艺等，其中尤以官式彩画的研究成果最为集中，从早期的宋代彩画到晚期的明清彩画，从总体状况到详细做法均有涉及。如对《营造法式》彩画作的研究，有郭黛姮于 2001 年发表在《营造》第 1 辑上的《宋〈营造法式〉五彩遍装彩画研究》、清华大学陈晓丽的硕士论文《对宋式彩画中碾玉装及五彩遍装的研究和绘制》等。对明清时期官式彩画的研究，有梁思成先生所著《清式营造则例》，王璞子先生所著《工程做法注释》等。在理论实践结合方面，如边精一所著《中国古建筑油漆彩画》，马瑞田的《中国古建彩画艺术》，蒋广全的《中国清代官式建筑彩画技术》。何俊寿、王仲杰两位先生合著的《中国建筑彩画图集》，对中国古代建筑各构件的彩画种类、纹饰特征以及组合关系作了介绍。在彩画历史、图案及分析断代方面，王仲杰的《明、清官式彩画的概况及工艺特征》一文全面分析了明清官式彩画纹饰的全貌、等级配备制度、演变过程和工艺做法。张秀芬《元、明、清官式旋子彩画分析断代》将元代建筑构件遗物中发现的彩画遗迹与现存元代建筑彩画作了对比分析，总结了元代官式旋子彩画的构成及工艺特点。明清时期官式彩画相关述论在各类学术期刊亦有

散见，此处不再赘述。

这些研究，虽然对河南明清时期建筑彩画的研究具有重要的借鉴作用和实践指导意义，但具体针对河南地区的彩画研究成果则相对较少，目前仅见宋国晓在对河南部分古建筑现存彩画实地考察基础上撰写的《中原古代建筑彩画初探》和《浅论中原古建彩画与官式彩画的异同》两篇文章。文章对中原古代建筑彩画的传承关系和保护现状作了论述，并对中原古建彩画和官式彩画的区别作了扼要分析。根据我和我同事们的调查资料，我也撰写了数篇研究文章公开发表，但仍感觉不足以展现河南省境内古建筑彩画的全貌。

河南省境内现留存有为数众多的明清时期木构建筑，其中部分建筑的梁枋、斗栱等部位绘有丰富多彩的彩画。但对河南省境内古建筑彩画的总体研究还比较薄弱，对彩画的工艺、做法及保存状况等了解得还不是十分清晰，其重要的研究价值还没有引起相关管理部门和研究者的足够注意。尤其是对彩画的保护，还没有给予应有的重视，致使一些彩画逐渐消失。

因此，本书主要对明清时期河南木构建筑彩画进行基础性的综合研究，研究对象包括目前已被公布为全国重点文物保护单位和河南省文物保护单位的明清时期的彩画。这些木构建筑彩画大部分保存较好，能够代表河南明清时期木构建筑彩画的整体情况，可以进行系统研究。这些古建筑彩画，绝大部分属明清时期木构建筑，绝对时间为明洪武元年（1368 年）到宣统三年（1911 年），同时将采用了清代晚期官式

建筑手法，始建于1916年，建成于1918年的袁世凯墓包括其中。少数为宋元时期木构建筑，但遗存彩画为明清时期。具体为：豫西北地区的济源阳台宫(明、清)、济源北勋石佛寺(清)、济源二仙庙(明、清)、济源大明寺(元、明、清)、沁阳北大寺(明、清)、武陟嘉应观(清)、温县慈胜寺(元)；豫西地区的洛阳山陕会馆(清)、汝州风穴寺(金、明、清)；豫西南地区的郏县文庙(清)、社旗山陕会馆(清)、社旗火神庙(清)；豫北地区的新乡辉县山西会馆(清)、安阳袁世凯墓(袁林)(清末)；豫中地区的登封城隍庙(明、清)、登封会善寺(元)、登封初祖庵(北宋)、许昌襄城县宋氏老宅(清)、禹州怀邦会馆(清)、禹州十三帮会馆(清)等；豫东地区的开封朱仙镇清真寺(清)和关帝庙(清)；豫东南地区的周口关帝庙(清)。

在研究所涉猎的具体内容方面，主要包括建筑彩画的纹饰结构、色彩构成、营造技术等方面的研究；建筑部位与彩画整体结构的对应性分析；建筑彩画的时代特征分析；建筑彩画与建筑性质的关系研究；建筑彩画的地区特征分析；建筑彩画所反映的文化习俗分析。整体框架和思路为：按宗教场所(佛教、道教、伊斯兰教)、民居、墓葬等不同功能用途，分别介绍河南现存明清时期木构建筑彩画的基本情况。在此基础上，对这一时期彩画的基本特征做进一步梳理和分析，从图案构成、色彩、比例关系等方面入手，按明、清前期、清中期、清晚期四个时间段落，分别加以分析和讨论，对不同时期得彩画特征和演变规律作出初步的结论。然后，讨论河南明清时期彩画的营造技术，包括工具与原料、方法与技术、工艺程序等，对彩画的营造技术作全面概括。在上述材料和结论的基础上，将河南明清时期建筑彩画与明清时期官式彩画、山西地区明清彩画、江南地区明清彩画作对比研究，以提炼出河南明清时期建筑彩画的独特之处，以及中原地区彩画与官式、江南地区、山西地区彩画的交流与融合。对于建筑彩画所反映出的文化习俗的探讨，也是基于河南明清时期建筑彩画的基本特征及其反映出来的普遍特点而加以探讨。

对这部分彩画的研究，具有两大方面的价值。

一是基础研究的需要。彩画是古建筑的重要组成部分，也是我国民族建筑的重要特征之一。彩画不仅是木构建筑的重要艺术表现形式，受到建筑总体艺术的影响，而且又具有自身的特质和演变轨迹，它们同古建筑一样，呈现出动态的变化态势。彩画具有装饰、保护、彰显等级等功能和特性，在中国传统文化和建筑技艺的研究中具有举足轻重的地位。近年来对古建筑彩画的研究著述较多，但是涉及河南古建筑彩画的研究却较少。河南作为中华文明的重要发祥地之一，涉及建筑彩画的文化遗产也比较多。明清时期河南虽不是中国的政治、经济中心，但位处中原，承袭传统，且文化、技术等方面兼容四方，这使得作为历史文化信息重要载体的古建筑彩画博采众长，并逐步形成了自身的鲜明特色。据王仲杰先生研究，宋代官式彩画缘起于河南，而明清彩画又与宋式彩画一脉相承。所以，河南地区的古建筑彩画是中国建筑文化遗产的重要组成部分，它与其他地区的古建筑彩画，共同呈现了中国古建筑、彩画在传统文化和技艺方面的形成、发展与整合历程。通过对河南明清时期木构建筑彩画进行实地调查和系统整理，从构图、色彩、纹样和工艺等方面对保存较完整的彩画进行较为全面的分析，找出河南明清彩画的基本特征，分析其与明清时期官式彩画及其他地区建筑彩画的异同，有助于加强河南古建筑研究的薄弱环节，从而提高中国古代建筑彩画研究的整体性和连贯性。

二是遗产保护的需要。古建筑彩画同其所依托的古建筑，都是重要的、需要保护的文化遗产。从河南省古建筑保护的总体情况看，尽管管理者也认识到了古建筑彩画的重要性，并采取了许多积极有效的措施，但保护力度仍然需要进一步加强。而且近年来，各地为了开发旅游资源，有许多重要的建筑彩画被新做的、不符合传统工艺的彩画所代替，失去了其原有的历史信息和历史价值。河南古建筑彩画的生存环境与生存状态面临着极大的考验，如不及时进行保护与研究，若干年后，这种独特的历史文化遗产就面临着消失的风险。对河南明清时期木构建筑彩画进行总体的整理研究，旨在唤起社会各界对建筑彩画的重视，为保护这种独特而重要的文化遗产作出贡献，增强业界对它们的认知，帮助我们提高传统彩画的保护与修复水平。

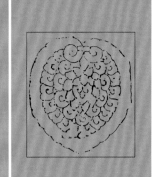

第二章·彩画概貌

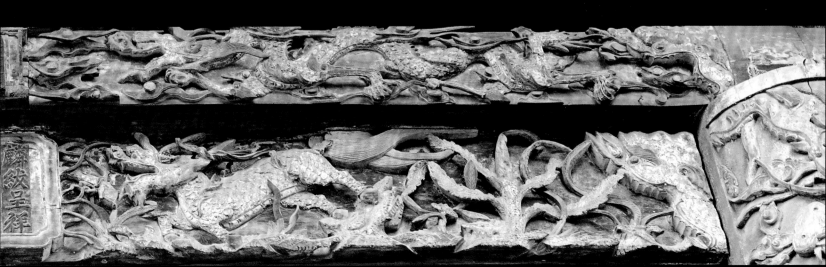

第二章·彩画概貌

目前河南保存较好的明清时期木构建筑彩画有以下几类：佛教建筑主要有登封初祖庵、汝州风穴寺、温县慈胜寺、登封会善寺、济源石佛寺、济源大明寺；伊斯兰教建筑主要有沁阳清真北大寺、开封朱仙镇清真寺；会馆建筑主要有洛阳山陕会馆、周口关帝庙、社旗山陕会馆、朱仙镇关帝庙、辉县山西会馆、禹州怀帮会馆、禹州十三帮会馆；道教建筑主要有武陟嘉应观、登封城隍庙、济源阳台宫、济源二仙庙、社旗火神庙；文庙建筑主要有郏县文庙；民居类建筑主要为襄城宋氏民居；

陵墓类建筑主要为安阳袁林（坟）。对以上建筑，笔者都进行了重点实地调查，下面分别依据建筑性质及建筑年代，对这些建筑彩画的基本情况作初步介绍。

2.1 佛教建筑

2.1.1 登封初祖庵

初祖庵位于登封市西北 15 千米的五乳峰下，平面布局为两进院落，现仅存大殿、千佛阁、东西

图 2.1.1-1 初祖庵侧立面

二方亭及宋至清 40 余通古碑，现为世界文化遗产、全国重点文物保护单位。大殿坐北朝南，建于北宋宣和七年（1125 年），是迄今所知河南省内现存最古的木结构建筑之一。大殿面阔三间，进深六架椽，平面近方形，单檐歇山灰筒板瓦绿琉璃剪边。调查发现，大殿可见两层彩画，表层彩画为旋子彩画，底层彩画可见局部颜色，彩画结构不可明辨。从现状判断，颜色叠压较多，历史上曾有过维修（图2.1.1-1）。

根据所依附构件的长短，旋子彩画的结构也不一致。长者如梁栿为三段式旋子彩画，短者如山面后次间平板枋为卡池子彩画。平梁彩画结构不清，仅朱、黑二色留存。两重三椽栿[①]分段设三池子，池子间设一整四破旋花相隔，构件端头为一整（半旋花）两破（四分之一）旋花。从表层彩画现状判断应为清代重画。明间下层三椽栿两侧面各留有局部沥粉贴金金龙方心，上层三椽栿为团花图案（图 2.1.1-2-1 和 2.1.1-2-2）。明间后内额两端遗存有旋瓣。东次间西缝三椽栿东侧面有花卉图案。东山后次间补间铺作坐斗斗底遗存有莲花（图2.1.1-3），东山前次间大额枋留有较完整的方心（图2.1.1-4），东山后次间以攒档为单位设二池子，明间额枋同样以攒档为单位设池子，东山后次间补间铺作真昂有团花图案。后内檐东次间栱眼壁为坐佛像。坐佛高肉髻，袒胸，身披袈裟，结跏趺坐。佛像面部丰腴，身后有圆形头光和背光。佛像衣纹流畅，面部表情自然安详（图 2.1.1-5）。

图 2.1.1-2-1 初祖庵大殿梁架

图 2.1.1-2-2 初祖庵大殿明间东缝梁架西立面

图 2.1.1-3 初祖庵大殿内檐斗栱彩画

图 2.1.1-4 完整的方心

2.1.2 汝州风穴寺

风穴寺位于汝州市东北 9 千米嵩山少室主峰南坡的风穴山中，创建于北魏。原名为香积寺，隋代改名千峰寺，唐代扩建后更名为白云寺，俗称风穴寺，是全国重点文物保护单位。（2.1.2-1）

图 2.1.1-5 初祖庵大殿内檐栱眼壁

①郭黛姮. 中国古代建筑史·宋辽金西夏建筑［M］. 北京：中国建筑工业出版社，2009：420.

图 2.1.2-1 鸟瞰图

中佛殿坐落在高 1 米的砖砌台基上，留有彩画。面阔三间，进深三间，单檐歇山顶（图 2.1.2-2）。据风穴寺七祖千峰白云禅院记碑记载，中佛殿始建于五代后汉时期，但从平面布局、斗栱造型、梁架结构、用材大小及艺术风格分析，当属金代建筑。整体彩画保留较少，较完整者见于前檐明间上平榑、枋及穿枋。

四椽栿前檐有残存彩画，纹饰不清，所有梁架颜色斑驳，辨不清色相。前檐东补间铺作真昂后尾连续翻转忍冬草纹饰清楚，黑、白、朱三色清晰可辨（图 2.1.2-3）；图下平榑穿枋可辨红、绿、青、黑颜色（图 2.1.2-4）。补间铺作栌斗为如意

图 2.1.2-2 中佛殿正立面

图 2.1.2-3 中佛殿斗栱后尾

图 2.1.2-4 中佛殿下平榑

图 2.1.2-5 中佛殿前檐次间下平槫

图 2.1.2-6 中佛殿明间前檐下平槫

图 2.1.2-7 中佛殿前檐次间穿枋

① 隔架科早期建筑为了匀布荷载，防止梁、桁弯曲，使用补间铺作，明清时期叫隔架科。明清官式建筑很少使用隔架科。参见杨焕成.杨焕成古建筑文集[M].北京：文物出版社，2009：209.

瓣，红色为主，外缘白色。槫枋彩画不对称，随意性大。前檐明间上平槫彩画为四分之一破旋花，小菱形人字锦盒子，卷草荷花，四分之一破旋花，人字锦菱形盒子，回纹箍头（图 2.1.2-5）。整体以隔架科①为中心分东西两部，西以圆形锦间隔双盒子，东以直线皮条间隔扇面盒子（图 2.1.2-6）。

随槫枋：西段盒子形状不规则，以圆形锦、方形锦相隔，底面西部阴阳鱼尾间相对蝉肚，东部圆形连续纹饰（图 2.1.2-7）。下平槫图案纹饰同上平槫。东前檐四椽栿插手：纹饰依稀可见，有红色、绿色。下平槫西段为一整两四分之一旋花，菱形盒子牡丹纹，东部檐旋花同西侧，盒子纹饰清。后檐明间西柱头纹饰可辨但不清，平板枋纹饰不清，大额枋可辨牡丹盒子，菱形锦。后明间东补间铺作真昂后尾云山纹，红黄云秋木纹，坐斗如意瓣纹饰，红色为主，外缘白色（图 2.1.2-8）。

外檐：前檐挑檐槫纹饰可见少许，颜色残存不多。明间东柱头上槫头双道沥粉，圆盒子，昂

图 2.1.2-8 中佛殿前檐斗栱

身仅存双道沥粉线，纹饰不清，但遗存蓝色、绿色较多。栱臂卷草沥粉，东次间可见团花纹饰，颜色为蓝、绿，西次间平板枋、大额枋可见菱形方心小盒子。后檐栱眼壁东次间东、明间中和明间西各留存一护法像，内容为天王力士等（图 2.1.2-9、图 2.1.2-10），西次间东、西不清。明间平板枋、大额枋图案不清，颜色斑驳。

图 2.1.2-9 风穴寺棋眼壁 1

图 2.1.2-10 风穴寺棋眼壁 2

2.1.3 温县慈胜寺

慈胜寺位于温县城西北 20 千米的大吴村，是全国重点文物保护单位。慈胜寺坐北朝南，现存两进院落，中轴线上自南向北依次为山门、天王殿、

图 2.1.3-1 大雄宝殿立面

大雄殿，大雄殿后为毗卢殿遗址，四周绕以围墙。天王殿与大雄殿虽经多次维修，仍保持元代结构特征和建筑手法，仅大雄殿有遗存彩画。

大雄殿面阔三间，进深三间，单檐歇山绿色琉璃瓦覆顶（图 2.1.3-1）。

椽栿彩画：该殿彩画残损较重，仅可见平梁自然材三面作画。侧面为旋子单色彩画。旋花头路瓣为莲荷瓣，二路瓣为涡旋瓣，三路瓣为莲荷瓣，旋眼为宝珠如意头。方心彩画为单色自然花卉，底面彩画形式为海墁蝉肚纹。叉手彩画为忍冬草纹饰，局部斗栱的坐斗可见如意纹。脊榑彩画三段式构图，小方心大找头①，找头、方心比 1.8 : 1 : 1.8（图 2.1.3-2）。扎不断束腰仰覆莲瓣箍头，莲瓣为红色；方环锦纹盒子，环心点红；一整两破桃形旋花，旋瓣分两路，头路瓣为红色。方心头呈宝剑头形状，方心内纹饰为红地图案化莲花。

棋眼壁间主要是以佛像为主的彩画坐佛。佛像皆高肉髻，袒胸，身披袈裟，结跏趺坐。佛像面部丰腴，身后有圆形头光和背光。佛像衣纹流畅，面部表情自然安详（图 2.1.3-3）。从造型和笔法看，可能为明代重修时所绘。

上槛过木为单色牡丹和莲花（图 2.1.3-4）。

大雄殿内的壁画现存虽不多，但前墙与东西壁面以及内檐的棋眼壁间，尚存有人物、花卉及楼阁、山水等彩绘壁画。其中西壁一处，为沥粉界画殿阁，东壁一处为山水小景，另一处是城廓人物，景物相宜，十分合乎透视法则。在用笔方面细腻工整，城廓、宫殿、山水、花卉、树木等均笔繁色丽，表现了元代民间的画风。

①藻头位于大木彩画箍头与方心或箍头与包袱之间，匠师常称之为找头。参见梁思成.清式营造则例［M］.北京：中国建筑工业出版社，1981：42.

图 2.1.3-2 大雄宝殿明间脊榑

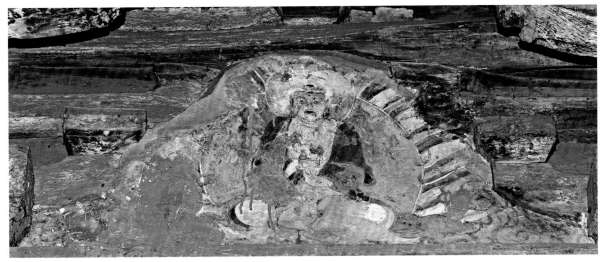

图 2.1.3-3 慈胜寺栱眼壁

图 2.1.3-4 慈胜寺上槛侧面

2.1.4 登封会善寺

会善寺位于登封市城关镇西北 1.5 千米处，其前身是北魏孝文帝元宏的离宫，魏改做佛寺，是全国重点文物保护单位。会善寺分三区：中为常住院，西为净藏禅师塔、一行戒坛及唐碑，东为清代塔院。

大雄宝殿为寺内主体建筑（图 2.1.4-1），殿坐北朝南，面阔五间，进深三间，单檐歇山顶，筒板瓦覆面。殿内梁架为四椽栿对乳栿用三柱，为典型的早期木构做法。大雄宝殿内檐彩画因年久，图案结构较模糊，局部可辨。依现存彩画可判整座殿宇彩画呈暖色。椽栿彩画为三面作画式，较窄龙腹纹底面，两侧面为方心式旋子彩画（图 2.1.4-2、图 2.1.4-3）。斗栱彩画仅坐斗可辨莲瓣纹，栱眼壁为龙凤纹，额枋结构不可辨，殿内金柱分上下两部分，下部石柱为盘龙云纹，上部木柱为流云纹。由于该殿残损严重，无法详叙（图 2.1.4-4）。

图 2.1.4-1 会善寺立面

图 2.1.4-2 会善寺椽栿彩画

图 2.1.4-3 会善寺次间梁局部

图 2.1.4-4 会善寺栱眼壁

2.1.5 济源北勋石佛寺

北勋石佛寺位于济源市西南 10 千米处承留镇北勋村，创建于唐代，明代重建和多次维修。据《重修碑记》载："从来建修殿宇，原以报之神之功德，而持之其恒者也。□时远年湮未有甘颓败而不谋更新者，□仁石佛寺有天王殿三间，□于嘉靖五年至万历四十年重修，康熙三十七年又重修，迄今六十余年，□椽朽神像难堪，于是主持悟祥恭请会首众人协力，共济朝夕……"在后佛殿脊枋下也有题记，记载该建筑始建于大明弘治元年，在崇祯四年（1631年）和康熙二十二年（1682年）、乾隆二十九年（1764

年）均进行过修缮。另有寺内清宣统元年（1909年）四月《重修石佛寺碑记》载："邑西距域二十里北勋村，旧有石佛寺一座，创建于大唐，重修于大明，复修于康熙、雍正、乾隆年间，光绪二十三年（1897年）又重修。"由以上记载可知，北勋石佛寺历史悠久，可上溯至唐代，至明中期进行大规模的复建，明清期间曾进行过多次修缮，现存的中佛殿和后佛殿保留了明代建筑的特征。遗存彩画的建筑有药王殿、西厢房、东厢房、石佛殿、中佛殿和后佛殿（图2.1.5-1）。

药王殿：仅前金檩南面可见小方心式旋子彩画，方心约为总长的 1/5，方心外为龟背锦及长圆盒子。

西厢房：面阔三间，进深一间，单檐悬山顶。明间双缝梁架皆有彩画，三架梁残损严重，可见斑驳红色，有报纸裱糊现象，五架梁黑地方心一整二破旋子，海墁五彩龙，龙身红色为主，龙躯体半旋转状态，底面和侧面合用一整旋花，五架梁外层裱糊报纸较重，侧面图案纹饰不详，梁底残损过半，次间面为无纹饰素面梁身（图 2.1.5-2）。

东厢房：面阔三间，进深一间，单檐悬山顶。烟熏较重，仅三架梁明间北缝东端依稀可见一整两破旋花，颜色不详，结构不清。

石佛殿：面阔三间，进深一间，单檐悬山顶。前檐明间挑檐檩，斗栱攒档间为反搭小包袱，包袱内为降龙，可见蓝绿色，包袱外可见锦纹、箍头、

图 2.1.5-1 石佛寺总图示意

盒子，颜色不清，栱眼壁为升龙，底为后添。内前檐栱眼壁为梅兰竹菊，平身科为瓜棱坐斗，坐斗上为莲瓣纹。柱头彩画为整圆团花，笔法细腻。额枋为一整根，明间为海墁花卉，次间为海墁缠枝牡丹。明间两缝三、五架梁均为五彩龙方心旋子彩画，五架梁外路旋瓣笔法细腻，但龙体纹饰已为后描，明间前金檩东端设荷花，荷瓣画法工整细腻，东次间前檐金檩南面为方心式旋子彩画，两端带箍头盒子，盒子为锦纹，方心为荷花。东次间后檐金檩箍头为盒子方心旋子彩画，盒子为锦纹，箍头为素，旋子较为随意，方心为海墁缠枝牡丹。后檐东次间檐檩可辨缠枝花卉，东次间三架梁西立面为方心式旋子彩画，整旋成长桃形，方心为海墁缠枝牡丹。五架梁箍头盒子方心旋子彩画，盒子为锦纹，旋子较为粗犷，方心为缠枝花卉（图2.1.5-3）。

中佛殿：面阔三间，进深一间，单檐悬山顶。孔雀蓝脊饰，屋面可见菱形蓝琉璃。

外檐仅西次间平身科坐斗上挑檐檩、随檩枋可见有蓝地卷草纹饰，次间平身外拽厢栱为交手，前檐栱眼壁为黑地升降龙，沥粉贴金，栱眼壁缘道可见晕色，勾白边，后檐挑檐檩可见局部卷草图案，栱眼壁明间中为仙人，两侧为行龙。两次间外档栱眼壁为行龙，内为仙人，正心枋可见团花痕迹。明间三、五架梁均为彩绘，三架梁残损较重，仅可辨一整两破旋花，侧面破旋花与底面合一成整旋花。五架梁有较窄底面的三面作画形式，侧面为方心式旋子彩画，旋子为一整两破形式，方心为红地金龙，底面为蝉肚纹。次间面梁架为黑白灰单色无彩的方心旋子彩画，西次间后单步梁底为方心式旋子彩画，方心内图案不详，山花为佛教人物，内前檐栱眼壁为龙凤图案，明间中为降凤，两侧为升降龙（东降西升），东次间东斗栱攒档为升龙，通额枋明间不清，仅东柱头上为缠枝牡丹。东次间为牡丹海墁花卉方心旋子彩画，整旋为长桃形。檩枋彩绘可见痕迹，纹饰结构不详（图2.1.5-4）。

后佛殿：面阔三间，进深三间，单檐悬山顶。

外檐挑檐檩以攒档为单位设池子，仅东次间中池子可见沥粉祥云，其他图案不详。内檐前檐斗栱栱底旋瓣纹，栱臂为红地缠枝花卉，斗底为如意

纹。东西次间尾端攒档各留人物，栱眼壁东为写意花卉。明间双缝三架梁箍头盒子方心式，束腰仰覆箍头为回纹，方心纹饰为黑地红身云龙。盒子边框为锦纹，内为人物。五架梁方心沥粉贴金绘五彩龙。次间三架梁彩画结构为方心式旋子彩画，旋子为一整两破，方心内纹饰为单色云龙纹（图2.1.5-5、图2.1.5-6）。

图 2.1.5-2 北勋石佛寺西厢房

图 2.1.5-3 北勋石佛寺石佛殿

图 2.1.5-4 北勋石佛寺梁架 1

图 2.1.5-5 北勋石佛寺梁架 2

图 2.1.5-6 北勋石佛寺五架梁方心

2.1.6 济源大明寺

大明寺位于河南省济源市轵城镇，初建为西汉轵侯祖庙，北宋仁宗时改为佛寺，原名通慧禅院，金末"既罹兵烬，倒为丘墟"。元至元十四年（1277年），重建寺院，更名大明寺，明万历十年（1582年）后佛殿遭火灾，万历四十三年（1615年）重建后佛殿，后代屡有增建和重修，现存元、明、清各代建筑13座40余间。

寺院坐北朝南，总体平面呈长方形，依中轴线而建，左右基本对称，依次分别为山门、金刚殿、阎君殿、配殿、中佛殿、伽蓝殿、后佛殿、僧房等，

2001年6月被国务院公布为五批全国重点文物保护单位。目前，该寺仅后佛殿有彩画遗存。

后佛殿于明万历四十三年重建，清代嘉庆时期重修。殿面阔三间，通面阔12.63米；进深三间，通进深10.38米，单檐悬山式建筑。建筑平面近似方形，为减柱造前檐角柱为石质，省前两金柱，后金柱位置后移66厘米，以增大明间使用空间。檐柱、金柱柱头无卷杀、生起、侧脚（图2.1.6-1）。

后佛殿彩画遗存较为完整，分为外檐和内檐，内檐又分前檐大木彩画、后檐大木彩画和山墙彩画。外檐挑檐檩以攒档为单位设池子，仅东次间中池子可见沥粉祥云，正心枋攒档间设团花，外拽枋

图 2.1.6-1 大明寺后佛殿立面

海墁卷草花卉；明间平身科瓜棱斗底为如意纹，栱为锦纹及缠枝花卉（图2.1.6-2）。

1.梁架彩画

内檐彩画分为以后屋面上金檩起分五彩沥粉贴金旋子和单色方心式彩画两大类（图2.1.6-3）。

（1）三架梁（三架梁拼合）

三架梁为箍头盒子方心式彩画，组合箍头宽束腰仰覆连瓣箍头，其腰内红、绿、青地交替组合成回纹。盒子为双套式，外盒子为锦纹，内盒子南为花鸟（图2.1.6-4），北为山水树下老人图（图2.1.6-5）。方心头外框为涡旋破如意，棱角地为青色；方心内出绿色如意头；方心内为红地五彩沥粉金龙。西次间面箍头内绘青地束腰仰覆莲，盒子内绘锦纹地套聚锦墨竹（图2.1.6-6）和山水文人画（图2.1.6-7）；两破长如意形旋花相对碰合形成方心头，方心内绘红地五彩贴金翔凤。

东次间面箍头内绘红地回纹且外缘贴金。双套盒子，外盒子锦纹地点金，内为聚锦纹绘倚石老人（图2.1.6-8）和山水人物画。破旋子为整旋花的1/4，方心头为三折弧形，方心内绘红色五彩金龙。

（2）五架梁（五、七架梁拼合彩色）

五架梁彩画以北上金瓜柱为界分南北两部，南部为五彩贴金找头方心式，北部为单色不对称箍头盒子方心式旋子彩画。

明间面南部五架梁，南端箍头形式同三架梁；盒子亦为双套式，外盒子为无纹饰绿地素盒子，内盒子外轮廓为长六边形，内分别绘达摩祖师（图

图 2.1.6-2 大明寺外檐斗栱

图 2.1.6-3 大明寺梁架拼修

图 2.1-6-4 富贵上头

图 2.1.6-5 树下老人

图 2.1.6-6 墨竹

图 2.1.6-7 山水

图 2.1.6-8 倚石老人

图 2.1.6-9 达摩祖师像

2.1.6-9）和弥勒佛（图 2.1.6-10）；箍头内绘束腰回纹仰覆莲；四路旋瓣加外退两晕一整两破旋花，旋眼为花朵形，一路和三路旋花为红色退晕莲瓣形，二路为凤翅形，四路为涡旋瓣（图 2.1.6-11）；方心头呈"〔 〕"形，边棱为红色退两晕，方心为青地沥粉贴金五彩云龙戏珠；旋花与方心头之间为绿地宋锦纹。北部为单色盒子方心式，北盒子（西缝东立面）锦纹地内设扇面，其内绘两只相斗雄鸡（图 2.1.6-12），小方心为海墁式黑地翔凤，箍头内绘束腰旋瓣仰覆莲。

西次间面南端部箍头为束腰仰覆莲，束腰内绘红地连续回纹；双套盒子，外盒子绘席锦纹地，内套聚锦盒子，绘着绿袍红裙寿星（图 2.1.6-13）；长如意形五路瓣两破旋花，菱角地为整旋 2/3 大小旋花；方心头呈弧形，青地贴金绘五彩戏珠龙方心；

图 2.1.6-10 弥勒佛像

图 2.1.6-11 五架梁找头旋花

图 2.1.6-12 五架梁单色扇面内绘二鸡

北部单色旋子方心，卷草纹式箍头，旋花为一整两破式，整旋为1/2花朵形旋花，破旋为1/4花朵形旋花；方心为海墁式牡丹。

东次间五架梁南部亦为箍头盒子一整两破旋子五彩方心式。箍头是仰覆莲红地金龙戏珠束腰，盒子为长方形点金锦纹。旋子形如长桃，旋眼呈正圆花朵状，一路和四路旋瓣为红色，中间二路为青色旋瓣，三路绿色旋瓣呈涡旋状（图2.1.6-14）。方心头呈外凸多折弧形，方心为青地五彩贴金云龙。北部为单色方心盒子式，方心为海墁云龙，盒子为双套，外盒子绘锦纹地，内套盒子绘葫芦形聚锦，内饰万寿花。

（3）七架梁（五、七架梁单色拼合）

七架梁以后金柱为界分南北两部分，南部为组合箍头双盒子无旋花五彩沥粉贴金方心式彩画，北部为单色组合箍头盒子海墁式方心彩画。

明间七架梁南端箍头结构同五架梁，束腰为青地连续夔龙沥粉贴金；南一为双套盒子，外为锦纹地内套圆光（圆光：天花彩画的一种固定模式，中心为圆形，称圆鼓子或圆光；外围为方形，称方鼓子或方光；最外是大边）绿地大士降收独角兽（图2.1.6-15）和红地大士降收青狮（图2.1.6-16），相邻盒子为红地长方形，其内分别饰四大天王之广目天王与多闻天王（图2.1.6-17）、增长天王与持国天王（图2.1.6-18）；方心外棱边为绿地内退晕，方心头为宝剑头形，方心内绘红地沥粉贴金五彩云龙，方心头外菱角地，南为黑地泥金海水纹，北为红地黑叶子花卉牡丹；邻方心头北部盒子为山水画，相邻盒子为红地隐现式卷草纹大团花；北部为单色盒子方心式，端头盒子为席锦纹地套喜上眉梢聚锦（图2.1.6-19、图2.1.6-20），方心为海墁式黑地行龙；箍头为束腰回纹仰覆莲瓣。

西次间七架梁南部为双盒子方心式，北部为箍头方心式。南端为双盒子，外锦纹地聚锦内绘布袋和尚下山（图2.1.6-21），紧邻盒子内绘红孩儿火烧孙悟空（图2.1.6-22）。两盒子之间用双箍头相隔，箍头束腰分别为绿地和红地夔龙戏珠。方心头呈"╠╣"形，其外菱角地平涂青色，方心内绘红地五彩沥粉贴金云龙。邻方心头北端为长方形死

图2.1.6-13 托桃寿星

图2.1.6-14 找头旋花

图2.1.6-15 大士降收独角兽

图2.1.6-16 大士降收青狮

图 2.1.6-17 广目天王与多闻天王

图 2.1.6-18 增长天王与持国天王

图 2.1.6-19 单色盒子鹊抬头

图 2.1.6-20 单色盒子鹊颔首

图 2.1.6-21 布袋和尚下山

图 2.1.6-22 红孩儿火烧孙悟空

盒子，其内绘菩提树下弥勒佛（图2.1.6-23）。北部彩画为单色箍头方心式，箍头使用组合式，端部为连续反转卷草纹，另一箍头形式为扯不断回纹。方心头为角叶形花草如意莲，菱角地设反转如意。

东次间七架梁彩画结构同西次间七架梁。南部盒子为双套盒子，外盒子为锦纹地内绘如来佛祖与二菩萨（文殊菩萨和普贤菩萨）（图2.1.6-24），

相邻盒子为长八边形绘唐僧取经盒子（图2.1.6-25）。两盒子由红地二龙戏珠箍头相隔。方心头同样为"〔 〕"形，方心头外菱角地刷饰青色，方心内绘红地五彩贴金云龙。邻北方心头盒子纹饰残损严重，无法辨别纹饰及颜色，该盒子外为绿色刷饰，无任何纹饰。北部结构同为单色盒子方心式，方心为海墁式云龙，方心头为角叶形。盒子亦为双盒子，外

图 2.1.6-23 大肚弥勒佛像

图 2.1.6-24 如来佛祖及二菩萨像

图 2.1.6-25 唐僧取经

盒子内绘宋锦纹，圆鼓子内盒子，其内绘黑叶子花卉。

2. 檩枋彩画

檩枋彩画设置为有较窄底面的三面式，底面彩画多为连续图案，两侧面分施不同结构、纹饰彩画。

明间前檐上金檩南立面为副箍头、箍头、盒子、包袱式方心式，箍头为宽回纹束腰仰覆莲，盒子为绿地花心式四合如意云，方心头为破旋花，破旋取整旋花的四分之一，方心内为锦纹地套锦纹反搭包袱，包袱同时裹南北两立面。北立面方心无旋花，反搭包袱把方心分为两个小池子，池子内绘红地沥粉金凤，两端盒子内绘锦纹（图 2.1.6-26）。下金檩隔架科上设折形池子，两端为盒子，退晕箍头，两破旋子为整旋的一半，方心为红地翔凤。隔架科坐斗饰如意纹。随檩枋设池子，池子结构不详。东次间上金檩北面结构同明间，包袱内设一整两破旋花，无盒子，檩底为工字纹；南面残损较重。下金檩为双方心式旋子彩画，旋子为一整两破旋，外方心（大方心）内绘红地海墁卷草花卉，内方心（小方心）内绘绿地缠枝牡丹（图 2.1.6-27）。檩垫枋底面设大小不等小盒子，南立面设三段等长池子，两端池子内绘红地翔凤，箍头为束腰仰覆莲瓣，中部盒子内绘山水人物。西次间前檐上金檩北面设大小不同盒子，纹饰结构不详，颜色以红为主，南面为盒子方心式彩画，两盒子残损较重，方心内绘青地沥粉五彩金龙，方心呈"∧"形分割。下金檩以隔架科为中分双池子，中池子内绘红地金龙，池子外破旋子仅为整旋花的二分之一，西池子图案不详，南面隔架科上设小池子，绘红地五彩翔凤，其两端为青地麒麟（图 2.1.6-28）。

图 2.1.6-26 后佛殿明前檐上金檩南北两面

图2.1.6-27 后佛殿明间前檐下金檩南北两面及随檩枋

图2.1.6-28-1 后佛殿拼檩南立面

明间后檐上金檩南面分五段式设小池子，池子间为束腰仰覆莲箍头，中部池子纹饰不详，相邻东西小池子为双池子，外池子青地，内池子绿地，两端池子为绿地；其北面为单色方心式旋子彩画，

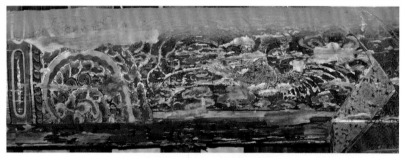

图2.1.6-28-2 后佛殿檩方心不同翔凤造型对比

方心内纹饰不详。下金檩为双池子小方心，方心内绘博古、经卷，邻方心处箍头内绘束腰仰覆莲，其相随盒子内绘锦纹团花，两端盒子为席锦纹栀花，随檩枋彩画结构同檩，方心纹饰为锦纹（图2.1.6-29）。东次间下金檩随檩枋箍头盒子方心式，两端箍头为扯不断纹饰，中箍头为束腰仰覆莲瓣；盒子为双盒子形式；方心为锦纹地上绘山水；穿枋底面为绿地蝠、鹤图案。东次间后檐上金檩南面为方心式旋子彩画，整旋花团，方心内绘红地海墁缠枝荷花。北立面为单色花卉方心旋子彩画；下金檩为单色旋子方心，方心为黑地花卉，北立面同南立面。西次间后檐上、下金檩彩画残损较重不可辨。

3.平板枋、大额枋彩画

前檐平板枋以斗栱攒档距为单元设池子，池子内绘茂叔爱莲图、山水人物、和合二仙、红地缠

图2.1.6-29 后佛殿后檐下金檩南立面

枝牡丹、刘海戏金蟾、锦纹地套夔龙等，大额枋彩画设置与平板枋形式同（图2.1.6-30至图2.1.6-32）。

后檐平板枋彩画结构为小找头长方心，平板枋找头为一整两破旋花，方心为龙戏珠，着单色。大额枋彩画结构同平板枋，仅方心为反转吉祥草。

4.山墙彩画

山墙彩画以单色禅释画为主。西山脊步以脊瓜柱为界分南北，彩画北为二僧讲禅，南为二僧观天象；上金步彩画北为罗汉擒青龙，南为二僧释禅。下金步彩画南为猫蝶娱戏，北彩画残损（图2.1.6-33至图2.1.6-37）。东山脊步以脊瓜柱为界分南北，

图2.1.6-33 二僧讲禅

图2.1.6-30 扇面山水

图2.1.6-34 二僧观天象

图2.1.6-31 和合二仙盒子

图2.1.6-35 罗汉擒青龙

图2.1.6-32 刘海戏金蟾盒子

图2.1.6-36 二僧释禅

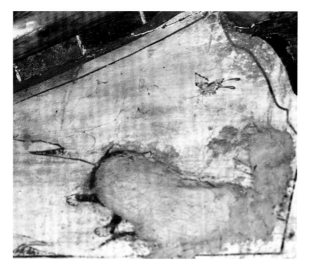

图 2.1.6-37 猫蝶娱戏

图 2.1.6-38 两僧侣对弈

图 2.1.6-39 两僧侣和弦

图 2.1.6-40 吉庆盒子

南为松下两青年僧侣对弈，北为两僧侣和弦习乐。上金步彩画南为林中习经僧，北为三士伏虎。下金步彩画北为三僧侣论道，南彩画残（图 2.1.6-38 至图 2.1.6-42）。

后佛殿彩画首先在颜色设置上，即分为五彩贴金和单色（黑白灰）两种形式，此种颜色设置，并不简单依一构件垂直一刀进行切分，而是以五架梁后檐上金瓜柱为界其南彩色其北单色，到七架梁时，则单色后退至后金柱中缝以北。此种做法，目前所调查的河南遗存历史彩画仅此一例。

后佛殿彩画图案表达的形式与内容及整体构图都超过其他建筑性质空间的彩画，其彩画整体布局在最佳视觉（五、七架梁）区间形成"繁和简""放和收"的效果，避免视觉的突兀，起到视觉调节作用，产生节奏和韵律美感。艺术形式灵活独特，并与建筑结构巧妙结合，美学特征鲜明，图像寓意深长。题材内容广泛，既有佛教人物、故事，又有山水、人物、花鸟等文人画的题材，图案表达的形式与内

图 2.1.6-41 三士伏虎

图 2.1.6-42 三僧侣论道

容及整体构图都超过其他建筑空间的彩画,凸显出其建筑自身的属性。

大明寺后佛殿梁架同河南大多数文物建筑一样为自然材,彩画结构设置时依原木自然中轴为界一分为二,因材施画,不设梁底分界面,无论是盒子底边还是方心棱边均共用。找头长度均小于方心长度,找头中盒子与旋花的比几乎达到1:1,组合箍头中仰覆莲与束腰比为1:3,束腰的宽度基本与建筑斗口等。方心与找头比例不像明清官式彩

画那样为1:1模数,而是随彩画设置确定其比例。三架梁找头与方心比为1:3,五、七架梁方心长度无论单色还是五彩均约大于找头2倍(图2.1.6-43)。方心头变化多样,其外形多达10种类型,明间三、五、七架梁方心头基本一致,均为涡旋破如意、"〔〕"和"〈〉"形次间方心头则远看一致,细看有别,同为三、五、七架梁方心头,无一相同,除了明间的形式外,还有"┆┆"和"( )"形,多折外弧形和多折内弧形(图2.1.6-44)。彩

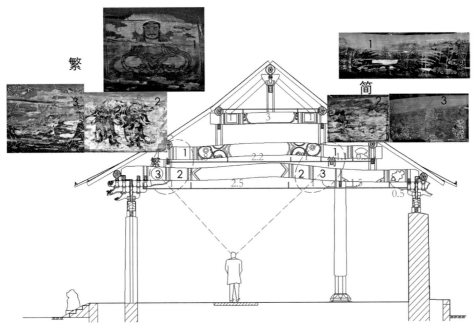

图 2.1.6-43 梁架彩画结构比例及视觉示意图

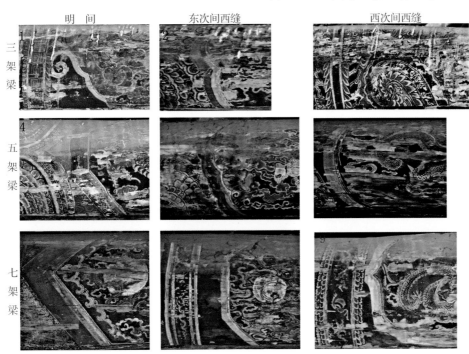

图 2.1.6-44 梁架方心头对比图

画方心不仅方心头变化多达 10 种，且方心除了梁架为常规的整方心外，还有檩方心的双套下裹包袱式、三折外弧式、下裹上搭式等（图 2.1.6-45、图 2.1.6-46）。整方心龙纹体态矫健，形貌威严，所戏娱宝珠姿态各异，特别五架梁宝珠双眼有神，触须飞舞（图 2.1.6-47、图 2.1.6-48）。

其次，根据构架位置的不同分别设置彩画结构纹饰，复杂的箍头、盒子、方心结构增强了中佛殿彩画观赏性。箍头作为彩画构图单元中的调节元素，在清官式彩画中呈条带形，外形相对单一，仅条带内装饰作简单变化；而大明寺后佛殿彩画中的箍头借鉴石作中常用的束腰仰覆莲组合，在束腰内饰二龙戏珠、扯不断连续回纹、黑叶子花卉等纹饰（图 2.1.6-49 至图 2.1.6-57）。

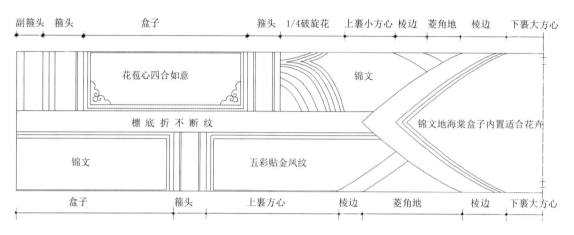

图 2.1.6-45 明间上金檩彩画结构展开示意图

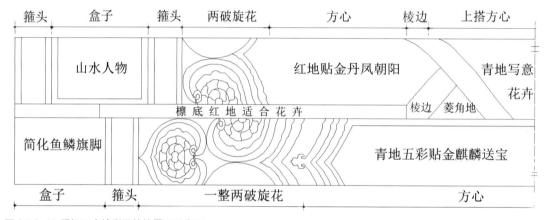

图 2.1.6-46 明间下金檩彩画结构展开示意图

图 2.1.6-47 明间西缝东立方心龙纹

图 2.1.6-48 明间东缝东立方心龙纹

图 2.1.6-49 五架梁箍头

图 2.1.6-50 七架梁南箍头

图 2.1.6-51 五架
梁北间隔箍头

图 2.1.6-52 前檐西次下金檩箍头

图 2.1.6-53 下金檩箍头

图 2.1.6-54 后檐下金檩箍头 1　图 2.1.6-55 后檐下金檩箍头 2　图 2.1.6-56 前西次大额枋箍头　图 2.1.6-57 南西次大额枋箍头

盒子结构灵活多变，多用双套盒子型和标准死盒子型。双套盒子外形多为矩形锦纹地，内套盒子轮廓多样，有扁面、扇面、葫芦、抹圆斗方、小切斗方、香圆、佳叶、曲弧形等12种形状（图2.1.6-58至图2.1.6-60）。最为突出的是内盒子图案装饰以特征鲜明的佛教故事为原型，根据特定构件的比例进行位置变化，依佛传故事的粉本，适当进行内容增减等调整。梁架盒子佛传故事与其他大木的盒子人物故事不同，其相邻者依照《释迦如来应化事迹》和《唐僧取经》之顺序进行整体排列，局部有一定的调整或删减。如明间五架梁南端盒子为达摩祖师、弥勒佛，与其垂直相对照的七架梁盒子为四大天王和末端盒子的收降青狮、收降独角兽。两次间梁架及明间梁架的另一侧面、西次间七架梁分别设释迦牟尼与普贤菩萨，相邻则是唐僧取经，东次间七架梁分别为菩提树下弥勒和相邻的孙悟空大战红孩儿（图2.1.6-61）。这种做法不仅将佛教典籍如长卷般展现出来，使彩画的内容更容易识别，

并且极大地增加了建筑的观赏性。明次间同缝梁，不同两面的彩画结构纹饰设置各异，更加突出殿内空间的主次。

再者，多题材纹饰的交互使用，特别是梁架盒子内道释画以因果关系布置，灵活应用，既突出了建筑的使用性质又彰显出儒释道的融合统一。五架梁和七架梁的前檐进殿入口处，彩画的设置更多遵循佛教"禅悟"和"善恶因果"的思维模式，表现出心灵需求以及对精神的追求。檩枋彩画把自然山水、人物故事等情景安排在同一画面，人物、景物真切动人，甚至还有日常生活中的器物、书籍（图2.1.6-62）、自然界的昆虫花草、鸣禽瑞兽等（图2.1.6-63至图2.1.6-65），这些内容有着浓厚的生活气息，描绘出人们热爱生活的朴实景象，表达了时人尊重生命和善待万物的思想。

在观者视距最易产生共鸣处，道释画连续出现，在满足宗教信仰的同时亦突显了佛寺建筑性质，如七架梁与五架梁盒子内的达摩、释迦牟尼与

图 2.1.6-58 五架梁单色盒子

图 2.1.6-59 下金随檩枋盒子

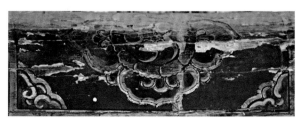

图 2.1.6-60 西次上金檩盒子

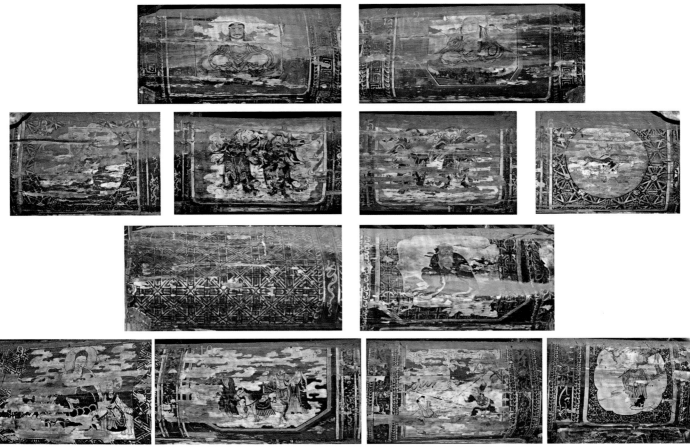

图 2.1.6-61 五架梁、七架梁盒子对比图

图 2.1.6-62 后檐下金檩盒子

图 2.1.6-63 内拽厢栱枋底绘蝶恋花

图 2.1.6-64 上金檩随枋绘蝠、鹤

图 2.1.6-65 檩方心绘狮子

普贤菩萨和文殊菩萨、弥勒、四大天王等人物形象和大士收降独角兽和青狮、唐僧取经、孙悟空大战红孩儿等经典故事。如盒子内佛像头部肉髻凸起，发螺上施宝蓝色，面部慈祥，两耳垂肩，鼻梁挺直，嘴角内凹。"一波三折"的波浪形曲线状眼睛，显得端庄静穆。身着通肩袈裟，上身半袒露，姿态端庄匀称，自然舒展。手结说法印，跏趺坐于莲花台上，佛身背面饰头光，光彩夺目，熠熠生辉（图 2.1.6-9）。四大天王身披甲胄，衣带飞舞，手执旌旗，仗剑瞋目，伟岸威猛，身躯壮硕，果敢刚毅，目光如炬，或怒吼、或沉思、或凝目，神采飞扬（图 2.1.6-17）。利用"高古游丝描""铁线描""钉头鼠尾描"的技法对人物的表情、衣纹、姿势、动作都进行了深入细致的刻画，使人物形象一目了然，体现了当时画工的高超技艺和成熟的绘画技法（图 2.1.6-21）。同时运用中国传统工笔画中的渲染技法，分层次晕染，设色上运用鲜艳的原色，在对比中取得调和，艳而不俗，淡雅古朴，具有较强的装饰意味，能带给人一种沉着含蓄、细致生动、完整充实、含义突出之感，对于普通民（信）众而言亲切、活泼而富有装饰性。大明寺不仅具有鲜明的秩序化特征，还表现出复杂性、开放性和动态特征，在大额枋、平板枋及斗栱枋上的和合二仙、茂叔爱莲、刘海戏金蟾、喜上梅梢、博古书画等多样纹饰结构类型和道儒喜闻乐见的形象相结合，繁而不乱，秩序分明又巧于变通，圆满、吉祥亦得到充分的体现，提升了建筑艺术的教化功能和社会功能。

大明寺后佛殿彩画与河南大部分文物建筑遗存彩画一样，彩画底层的处理仅为靠骨单皮灰地仗层；整座后佛殿彩画不见其有打扎谱子的印痕，而是依材就势直接分画，沥粉和焊线交替使用。从盒子内纹饰和内容看，当时匠师是由"粉本"作蓝本进行施画，彩画内容具有故事的连续性。如七架梁盒子的取材于《西游记》的"孙悟空大战红孩儿""圣僧取经归"与明代刻本《西游记》人物形象基本一致，广东省博物馆馆藏磁州窑唐僧取经故事图枕亦可见证（图 2.1.6-66），只是匠师依材施画时对人物位置进行适宜的挪移。在绘制技法上，工匠继承

图 2.1.6-66 广东省博物馆馆藏瓷枕与唐僧取经彩画方心对比（http://www.gdmuseum.com/gdmuseum/_300746/_300758/tc45/428468/index.html）

传统国画和壁画中常用的工笔重彩、工笔淡彩以及山水人物画的兼工带写，将勾线分层次渲染等技法结合。如梁架盒子内的佛像，以"高古游丝描"勾勒出人物各不相同的姿态造型，或坐或立、或禅定、或游走；而"铁线描""钉头鼠尾描"把人物的服饰衣纹特征又巧妙地勾画出来（图2.1.6-21、图2.1.6-23）。用色上大量使用原色，以红色为最，打破清官式彩画方心地"上青下绿"的设置模式，而梁架方心地设色为"红—青—红"的格式。匠师使用不同的技法（贴金和泥金）进行装金；使用平面色块组合形式，突出色彩的表现力度，彰显了装饰对象的特征。

综上，大明寺后佛殿彩画没有严格的对称设计，而是在均衡中求变化。彩画配置上，前后、左右层次分明，重点突出，着重强调明间。设计遵循结构逻辑，但又不完全受其制约，突破檩、垫、枋等建筑构件的界限，彩画立体感、透视感强烈。纹饰内容上除旋子彩画的标准纹饰外，佛释主题则在观者视距最近处强调，相对视距较远处兼有儒、道内容，此三教融合兼顾。文人画和道释画在盒子内的交替使用，使画面更丰美，以彩画内容来体现建筑性质和功能。大明寺彩画在传统绘画技法的基础上大胆创新，兼容并蓄，色彩既凝重端庄，又疏

朗流畅，在一定程度上反映了中国的传统文化和社会风俗，体现出了文学、艺术、宗教等因素，表现出特有的社会历史文化内涵。

2.2 道教建筑

2.2.1 武陟嘉应观[①]

嘉应观位于武陟县东13千米的大刘庄和相庄之间，西南二里是当年雍正皇帝亲自督导治理黄河修筑的"御堤"，全国重点文物保护单位。嘉应观创建于清代雍正元年至雍正四年（1723—1726年），中轴线建筑在雍正三年建成，由雍正皇帝赐名。嘉应观为官、庙、衙署三体合一的清代建筑群，占地9.3公顷，分东、中、西三个院落。中部为祭祀河神、巡河行宫建筑群，东西跨院为河台、道台衙署。历史遗存彩画位于中院山门、严殿、东西龙王殿、大王（中大）殿。（图2.2.1-1、图2.2.1-2）

山门：面阔三间，进深两间，单檐歇山顶。（图2.2.1-3）

内檐彩画为旋子方心式，与北京地区清代官式旋子彩画接近，同其建筑一样为河南地方的官式彩画。外檐为近代所绘。内檐为雅五墨彩画，不用盒子，箍头与旋花近等，长度比近1：1。箍头组

图2.2.1-1 嘉应观全景

①陈磊.武陟嘉应观彩画调查研究.中国文物报，2010-9-24。

①西番莲，抽象化程式化的自然界西番莲组合，以柔韧枝条加翻卷自如的花朵组成。

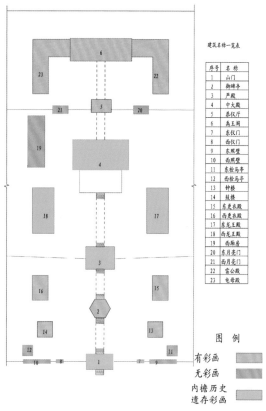

建筑名称一览表

序号	名称
1	山门
2	御碑亭
3	严殿
4	中大殿
5	恩仪厅
6	禹王阁
7	东仪门
8	西仪门
9	东照壁
10	西照壁
11	东检马亭
12	西检马亭
13	钟楼
14	鼓楼
15	东更衣殿
16	西更衣殿
17	东龙王殿
18	西龙王殿
19	西厢房
20	东月亮门
21	西月亮门
22	吕公殿
23	电母殿

图例

有彩画

无彩画

内檐历史遗存彩画

图 2.2.1-2 嘉应观中院现状平面示意图

合式束腰仰覆莲，中束腰略窄于两侧，束腰纹饰为水纹和工字纹两种形式，莲瓣呈凤翅状。旋花一整两破，整旋花呈如意形，旋眼心部为红色莲瓣形，其外绿色如意外旋瓣红色。檩垫枋箍头、找头短于檩箍头、找头，随檩枋在二者之中。檩枋的找头外侧填充锦纹。五架梁为上裹式包袱方心，方心占梁架的60%，心内画行龙，中部绘圆"寿"字，包袱外框绘回纹，红地，与旋花间填充锦纹。栱垫板交替用卷草牡丹和触边西番莲①（图2.2.1-4）。烟琢墨斗栱，坐斗饰束莲。柱头用锦纹。

严殿：在御碑亭后，面阔三间，进深两间，单檐歇山顶带前廊。

内檐彩画同山门，只是包袱心内绘吉祥草，柱头为如意旋瓣，青、绿两色相间（图2.2.1-5）。

中大殿：在严殿之后，面阔七间，进深四间，重檐歇山顶带回廊（图2.2.1-6），旋子彩画，沥粉、贴金。承椽枋、上槛不用箍头，旋花找头不齐。柱头彩画，下层用宋锦纹，沥粉、贴金，上层为如意花，单瓣。马板上层用海墁缠枝牡丹，下层用海墁卷草西番莲。七架梁（天花梁）用包袱方心彩画，上裹式，

图 2.2.1-3 嘉应观山门正立面

图 2.2.1-4 嘉应观梁架仰视

图 2.2.1-4 嘉应观山面斗栱

图 2.2.1-6 嘉应观中大殿立面

方心占梁架的60%。心内绘万鹤流云，红地。包袱外框之内画锦纹。箍头几与旋花长度相等，基本达到1：1，中部束腰绘回纹，两侧绘仰覆莲。拱垫板彩画交替用卷草牡丹和触边西番莲（图2.2.1-7、图2.2.1-8）。烟琢墨斗栱，束莲坐斗。天花绘龙凤图案65幅，其排列方式与清官式彩画以一种图案按间为单位进行分设的形式不同，而是交替绘龙、凤。明间和次间绘15块，正中为坐龙。稍间绘10块，其排列方式与次间不同（如次间排列龙形图案天花时，次间则用凤形图案，图2.2.1-9）。色彩使用仍沿用中原彩画的旧制，以青、绿、红为主，以及白色底子上绘制红色龙纹。每幅龙凤图案又不尽相同，神态各异（图2.2.1-10、图2.2.1-11）。柱头彩画分三段，顶端为整牡丹和回纹箍头，上部绘如意、青、绿相间，下部绘龟背锦纹、沥粉、贴金。

东西龙王殿：位于中大殿之前，相对而立。面阔五间，进深二间，歇山顶带前廊。梁绘包袱方心，上裹式。同缝梁两面棱边形式不同，朝明间用单三角形，朝次间用相连双三角形，形如"M"。西龙王殿明间北缝五架梁明间面包袱心为凤纹，包袱外边框内为锦纹，边框内又设小盒子，盒子内分别为升降龙纹。（图2.2.1-12、图2.2.1-13）

图2.2.1-7 嘉应观东稍间西缝天花梁底

图2.2.1-8 天花梁展开

图2.2.1-9 仰视天花梁

图2.2.1-10 天花所绘龙纹

图2.2.1-11 天花所绘凤纹

图 2.2.1-12 嘉应观东龙殿明间北缝五架梁梁架

图 2.2.1-13 嘉应观西龙殿北次间南立面梁架

2.2.2 登封城隍庙

登封城隍庙位于登封市区西大街，始建于明代，坐北面南，占地面积0.46公顷。原有三进院落，现存两进院落，除大殿外均为硬山式灰瓦顶建筑（图

图 2.2.2-1 城隍庙鸟瞰

2.2.2-1、图 2.2.2-2），河南省文物保护单位。历史遗存彩画主要位于大殿及大殿前卷棚式拜殿。

大殿面阔五间，进深三间，单檐歇山式灰筒瓦覆顶，殿内原有天花板，现佚失，仅存井口枋。

外檐：前檐类似清官式金琢墨石碾玉彩画。挑檐枋以攒档为单位设不同造型池子，池子内图案各不相同，有历史人物，麒麟、神鹿等神兽，锦纹等（图 2.2.2-3）。明间两端池子为绿地沥粉贴金绘神鹿，中池子为圆形，图案不详。正心栱上端为1/4旋瓣方心，心内为花心锦纹。平板枋以攒档为单位设池子，图案残损较重，仅明间中间攒档可见二龙戏珠池子，大额枋为大找头小方心三段式构图，方心图案为龙凤，整旋花，找头为整旋加1/4破旋。次间彩画结构同明间，池子内图案有异于明间；稍间正心枋下为整旋花，上为如意花卉。

斗栱彩画：金琢墨①。坐斗底为莲瓣和牡丹瓣

图 2.2.2-2 城隍庙大殿及卷棚

图 2.2.2-3 城隍庙大殿木构彩画

纹交替使用，沥粉贴金，栱臂正面为单色刷饰，底面为青地蝉肚纹，每攒斗栱均沥粉贴金（图2.2.2-4）。西山外檐除前间平板大额枋隐约能辨有彩画遗存外，其余不清。东山外檐无留存。后外檐挑檐枋以攒档间为单位设不同纹样的小池子。平板大额枋残损较重，纹样结构较难辨清。斗栱彩画较前檐简单，为烟琢墨彩画（图2.2.2-5）。

内檐：内额外拽枋攒档为单位，档间设整团花，斗栱底及翘底为蝉肚纹，内额平板枋攒档间设小池子，内图案不详，大额枋结构为海墁1/4旋花。

大梁东次间西缝东立面：海墁卷草花卉，相对蝉肚纹。

大梁西次间东缝西立面：卷草荷花，梁底为相对蝉肚纹，前内额耍头后立面为卷草花卉（图2.2.2-6）。

大殿为卷棚，面阔五间，进深一间，滚脊灰筒瓦覆顶。整体梁架、檩枋为海墁松木纹（图2.2.2-7），后檐明间次间斗栱平板枋及大额枋彩画形式基本同大殿前檐，但残损较重，依稀可见青绿、朱砂（图2.2.2-8）。后内檐平身科坐斗为圆形栌斗，绘如意沥粉纹饰，有沥粉贴金，平板枋、大额枋以攒档为单位设池子，沥粉贴金（图2.2.2-9）。

该组建筑彩画形式多样，但污染较为严重。

图2.2.2-5 城隍庙大殿外檐

图2.2.2-6 城隍庙大殿内额东次间

图2.2.2-7 城隍庙卷棚梁架

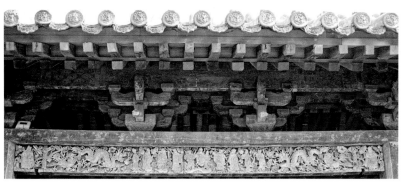

图2.2.2-8 城隍庙后内檐平板大额枋

图2.2.2-4 城隍庙大殿斗栱

图2.2.2-9 城隍庙卷棚前檐大额枋及挑檐檩

2.2.3 济源阳台宫

阳台宫位于济源城区西北30千米王屋山华盖峰南麓王屋乡愚公村，因地处阳台而得名，全称大阳台万寿宫，古称阳台观。始建于唐开元十二年（724年），为茅山宗第四代宗师司马承祯奉敕创建，开元十五年落成。阳台宫建筑群坐北朝南，依山而建，逐级递升。历史遗存彩画位于大罗三境殿和玉皇阁。

大罗三境殿：即三清殿，位于轴线山门之后，面阔五间，进深四间。单檐歇山灰瓦顶。大罗三境殿虽历经修葺，但仍保留了诸多宋元时期的营造手法，保留古制较多。该殿内槽为旋子彩画。前外檐为后做，其余外檐无彩画。该殿进深四间，为准确记录彩画位置，进深方向各间的名称以脊檩为界，脊檩以南各间分别称前明间和前次间，脊檩以北称后明间和后次间。

殿内明间、次间的后明间和后次间为藻井、彩画；明间、次间的前次间为后人重置天花彩画；其他间的天花彩画为历史遗存，天花皆为黑地，图案丰富，有龙、凤、虎、梅、玉兰、荷花、菊等。藻井周围天花为黑地龙凤图案，藻井为黑地坐龙图

案。天花梁基本为自然材，其彩画为半包裹形，即以梁底中线分两面作画，为黑地海墁火焰行龙纹（图2.2.3-1、图2.2.3-2）。内额栱眼壁分三种形式，前次间后檐正立面为道教故事（图2.2.3-3），前明间栱眼壁则为升龙，其他为花卉。内额平板枋、大额枋为旋子方心式（图2.2.3-4、图2.2.3-5），基本分为三停[1]式，箍头线垂直，副箍头为连续如意纹，素箍头为红色叠印，旋花为长桃形整旋加1/2破旋，方心头呈宝剑头形，边棱分白黑双色，方心为红地海墁花卉。

玉皇阁：俗称三棚阁，位于轴线大罗三境殿之后，面阔三间，进深三间，高21.40米，三重檐歇山楼阁式建筑。玉皇阁为河南省最高大的歇山式楼阁建筑之一，建筑保存基本完好，内部基本为旋子彩画（图2.2.3-6）。由于玉皇阁处于保护修缮施工阶段，梁架被软面纸裹护，无法探得彩画纹饰结构和色彩组成，仅对外露檩枋做了基本调查。

明间前金檩北侧面彩画为旋子小方心盒子式，方心两端为旋瓣箍头，整团旋花，与箍头之间绘海墁花卉。南面仅中间现异形小盒子，盒子内图案为荷花，其下隔架科坐斗为莲瓣。脊檩、随枋下为海

图2.2.3-1 阳台宫天花梁1

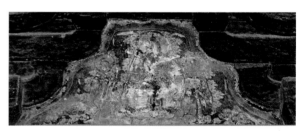

图2.2.3-3 阳台宫栱眼壁

图2.2.3-2 阳台宫天花梁2

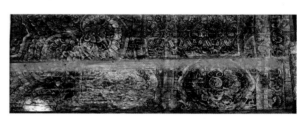

图2.2.3-4 阳台宫平板大额找头

图2.2.3-5 阳台宫后内槽平板大额枋

①三停指独立构件彩画结构三等分（不含两端头副箍头）。参见蒋广全.中国清代官式建筑彩画技术[M].北京：中国建筑工业出版社，2005.

墁缠枝祥云。旋子两端为旋子，中为如意纹。西次间前檐北面下金檩为旋子海墁花卉，旋子为1/4破，花卉为莲花。西立面旋子方心式，破旋花为整旋花的1/2，外加三路，素箍头，方心为瑞禽。（图2.2.3-7）

2.2.4 二仙庙

二仙庙位于济源市东北13千米的梨林镇大许村，为河南省文物保护单位。二仙庙又名紫虚元君庙，据明《重修仙天圣母静应宫碑铭》载，二仙其人叫魏华存，西晋任城司徒文康公舒剧阳侯之女，南阳太保掾刘友彦夫人，幼而好道，为百姓仰慕，称紫虚元君。二仙庙创建于唐，明嘉靖三十九年（1560年）、万历四年（1576年）、清顺治七年（1650年）和乾隆四十二年（1777年）均对其进行过增建和修缮。

二仙庙坐北朝南，南北长111米，东西宽33米，占地3663平方米。中轴线依次为紫虚元君殿、东配殿、静应殿及拜殿，共计古建筑4座22间。庙内散落碑碣石刻10余通。二仙庙是一座布局清晰、保存较为完整的中小型古建筑群，现仅紫虚元君殿和静应殿遗存部分彩画。

紫虚元君殿：面阔三间，进深三间，单檐歇山顶。据殿内明间正脊枋下刻"大明万历五年岁次丁丑二月己未朔十三日辛未皇明宗室庐江王谨施"鎏金题记，结合万历四年碑记和清重修碑记，初步断定殿宇为明代建造、清代维修的古建筑。

殿内遗存彩画为单色旋子彩画，殿外前檐大额枋透雕箍头盒子方心。前外檐大额枋透雕为三段式，找头有副箍头，盒子为翔凤、麒麟等，方心龙钻牡丹。殿内梁架为旋子彩画。梁架彩画分三面，有较窄底面。找头旋花呈长桃形，旋眼为仰覆莲座上置如意纹，旋瓣为涡旋纹（图2.2.4-1）。副箍头为花卉，箍头为涡旋纹饰。长矩形锦纹地盒子上置圆形适合花卉（图2.2.4-2）。方心头为多折内颎[1]形，三架梁方心内纹饰为花卉，五、七架梁为龙钻富贵。斗栱仅个别小斗遗存如意纹或栱臂底遗存锦纹（图2.2.4-3）。

静应殿：面阔五间，进深两间，单檐悬山式

图2.2.3-6 阳台宫玉皇阁内架

图2.2.3-7 阳台宫玉皇阁内檩

图2.2.4-1 二仙庙紫虚元君殿梁架1

图2.2.4-2 二仙庙紫虚元君殿梁架2

图2.2.4-3 二仙庙紫虚元君殿檩

①颎，见于《康熙字典》第1407页。斗颎为中原地区传统建筑特有做法，后逐渐消失。明代，河南地方建筑全有斗颎，并且斗颎很明显，颎深达1.5厘米，制作方法也较古朴。清代中叶，地方建筑的斗颎还较明显。清代晚期出现四种情况：第一，少数斗颎明显；第二，有斗颎，但不很深，可谓斗栱的标准型斗颎，数量较少；第三，稍存斗颎、数量较少；第四，无斗颎，但斗形与官式建筑不同，数量较多。

木构建筑，灰筒板瓦覆顶，前檐石柱刻"清道光三十年"重修年号。该殿彩画遗存较模糊，仅能辨出彩画为方心式旋子彩画的基本结构形式，旋子的结构不可辨，方心可见龙纹，有少量青绿色。

2.2.5 社旗火神庙

火神庙位于社旗县赊店镇公安街东端第一小学院内，始建于清代雍正二年（1724年），距今已有近300年的历史。庙宇为四合院形式。中轴线依次为山门（戏楼）、六柱三间五楼木牌坊、拜殿及正（大）殿，为河南省文物保护单位，仅拜殿遗存彩画。

图 2.2.5-1 火神庙拜殿梁架 1

图 2.2.5-2 火神庙拜殿梁架 2

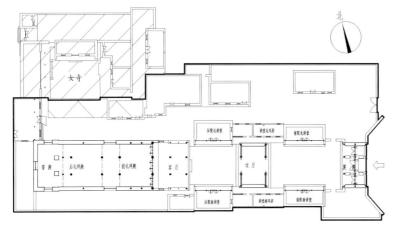

图 2.3.1-1 沁阳北大寺现状示意图

拜殿面阔三间，进深五椽，卷棚硬山式。彩画形式为方心式。由于自然和人为的原因，彩画基本不可辨，少量构件依稀能见方心结构（图2.2.5-1）。可喜的是四架梁彩画方心上置悬塑二龙戏珠（图2.2.5-2），此种形式在河南目前发现的彩画中孤例。

2.3 伊斯兰教建筑

2.3.1 沁阳北大寺

沁阳北大寺位于沁阳市区北寺街北段，为全国重点文物保护单位，现为河南省规模最大、保存最完整的伊斯兰教建筑群之一。寺院坐西面东，由男寺和女寺两部分组成，现有房屋八十余间，以男寺建筑为主体。男寺平面呈长方形，长89米，宽38.5米。由夏殿、过厅、四讲堂、客厅、前后拜殿、窑殿及两侧沐浴室、居室仓储、厕所等建筑组成（图2.3.1-1）。主体建筑呈轴对称布局，三进三段，建筑体量由前至后递增，其拜殿由客厅、前后两重拜殿及窑殿（主殿）组成，建筑间均由天沟牵搭，构成一体。女寺位于男寺西北隅，占地625平方米，为一个四合院落，除平面格局保留清代式样外，其余均为新建的仿古建筑，其彩画为近代所画。北大寺创建于元代，明清至今均有过不同程度重修。

男寺有彩画遗存的建筑依次是夏殿、过厅、前拜殿、后拜殿内檐以及四讲堂、客厅、前拜殿、后拜殿的外檐局部。由于受环境影响，外檐彩画保存普遍较差，只看到留存的结构痕迹及局部不全的沥粉痕迹。依据现场调查，清真寺内檐彩画可分为明代和清代两时间段。

夏殿：即大门，面阔三间，进深两间。单檐歇山顶，孔雀蓝琉璃瓦顶（图2.3.1-2）。殿内：20世纪90年代初维修时除未对梁架包袱彩画进行刷饰外，其余均刷饰呈铁锈红色。现三架梁正中设下裹式包袱，包袱心内为花卉纹饰，五架梁按梁架的结构设呈双包袱，包袱置于金檩瓜柱之下（图2.3.1-3-1、图2.3.1-3-2）。由于年代久远，纹饰结构和花卉类别及色彩不能辨析，露出原木本色。

过厅：面阔三间，进深一间，卷棚悬山式，

图 2.3.1-2 夏殿

图 2.3.1-3-1 夏殿梁架 1

图 2.3.1-3-2 夏殿梁架 2

图 2.3.1-4 北大寺过厅

黄绿琉璃瓦覆顶（图 2.3.1-4）。殿内：脊檩随枋题记：大清龙飞嘉庆戊寅年（即嘉庆二十三，1818年）丁巳月丙申日创建。梁架檩枋大木为混合式彩画暨松木纹彩画[1]与包袱式彩画[2]相结合的形式。梁架为上裹式包袱，其形状近似锐角三角形△，檩桁和随檩枋组合为下搭式包袱，其形状近似小底梯形▱。现场调查发现，整座殿内松木纹彩画较包袱式彩画绘制年代早，从包袱式彩画缺损处，可见包袱彩画下有松木纹彩画遗存（图 2.3.1-5）。本殿松木彩画所有木纹心内皆有图案，不同位置的松木纹心置不同生活环境、动物纹和器物纹。梁架松木纹心内为家畜，如马、牛、羊，檩上松木纹心置水生动物，即鱼、虾，平板枋和大额枋松木纹心则置生活器具。尤其明间双缝梁架松木纹心内的牛马，图案清晰，动物神态逼真（图 2.3.1-6、图 2.3.1-7）。包袱式彩画均为四季花卉。山花和栱

图 2.3.1-5 北大寺过厅梁架

图 2.3.1-6 松木纹心——牛

图 2.3.1-7 松木纹心——马

①松木纹彩画是沿用宋《营造法式》叫法，仿木材年轮纹路画出的假木纹，即清官式彩画的云秋木彩画。
②包袱式彩画"包袱"源自纺织品，是苏式彩画的常用形式。

垫板彩画是黑白山水（图2.3.1-8）。

客厅：面阔三间，进深一间，为卷棚歇山式，六架梁，绿琉璃瓦覆顶。据殿内随檩枋墨书题记，判断其为清中后期建筑。殿内梁檩枋为朱红刷饰，未见彩画。现殿前檐挑檐檩、随檩枋以及平板枋、大额枋均以斗栱攒档[1]为间隔设池子，池子纹饰内容多不清，仅南次间平板枋可辨出沥粉贴金龙凤图案（图2.3.1-9）。

前拜殿：俗称二拜殿，面阔三间，进深三间，明间减柱，前后均有泄水牵搭，前与会客厅后檐相连，后与后拜殿前檐相牵，单檐歇山，绿琉璃瓦覆顶。该殿彩画是旋子贴金彩画，殿前檐仅平板枋和大额枋留存部分彩画痕迹。彩画现状结构与殿内平板枋、大额枋基本相同。

殿内：梁架大木构架彩画为花卉方心的旋子彩画（图2.3.1-10），后檐柱为海墁牡丹和海墁西番莲。平板枋、大额枋与梁架结构相同，除后檐方心纹饰沥粉留存较多外，其他皆为颜色深浅不一的彩画结构痕迹。找（藻）头旋花为一整两破设置，呈长椭圆形，由四路旋花[2]瓣组成，旋眼为三瓣莲花座，上置石榴头或如意头。旋花第四路（头路）旋瓣为三折涡旋瓣；三路旋瓣为虽为三折旋瓣，

但叠压较多；二路瓣则呈涡旋状；头路旋瓣形状与旋眼的莲花瓣形状相同。檩桁的下破旋花与随檩枋合二为一组成一幅完整画面，从而构成彩画结构中两破旋花之一，破旋花下裹至随檩枋底面中，此种做法区别于明清官式建筑规矩材的三面作画形式（图2.3.1-11）。梁侧面两破旋花之下旋花与底面整旋花为一完整元素，底面整旋花上裹至梁侧面（图2.3.1-12、图2.3.1-13），即以梁底中线为起始边，逆势向上犹如织物翻裹至梁的侧面二分之一处，梁侧面与底面处旋花依梁身自然形态过渡，无面的分界转折线，找头旋花依其依托的木构的位置而设定旋花的路数，一般大材有3~4路旋瓣，甚至5路旋瓣，如七架梁。材的截面

图2.3.1-10 北大寺前拜殿

图2.3.1-11 北大寺前拜殿脊檩、枋局部

图2.3.1-8 黑白山水

①前后拜殿为明代建筑，斗栱攒档为土坯垒砌，故此按材质沿袭《营造法式》称谓"栱眼壁"。

②四路旋花指旋花为4层。清《营造则例》释意，旋花最外层旋瓣为头路，依次从外向内至旋眼，依次叫二路、三路和四路。

图2.3.1-9 北大寺客厅外檐

图2.3.1-12 北大寺梁底旋花上裹

稍小时，旋花路数就会减少，一般 2~3 路，如各桁檩及檩枋（图 2.3.1-14）。

方心纹饰有西番莲、荷花、牡丹花、卷草花卉。梁架方心由三架梁往下至七架梁依次为西番莲、荷花、牡丹花，檩桁由脊檩往下至下金檩方心依次为牡丹花、西番莲、卷草花卉。

方心西番莲组合形态及数量根据木构件的不同位置进行组合。因梁架结构所致，三架梁与五架梁之间置隔架科斗栱，隔架科斗栱承托三架梁。三架梁方心下棱线向梁底伸展至隔架科替木外缘。明间三架梁方心找头比 1.63：1，方心设 4 朵西番莲，每两朵为一组，连续排列；次间三架梁方心找头比 1.58：1，设 3 朵西番莲，方心正中设俯视态西番莲花朵，两侧设自然伸展向上花朵。西番莲花朵则更像宋《营造法式》中的海石榴花与荷花二者的融合，花心为三瓣莲托如意头或石榴头，花瓣为微带凤翅卷曲莲瓣，其枝条同样组成波状曲线。

五架梁方心随梁身自然过渡，无梁底面与侧面的转折分界，方心无下棱线，岔口①下延伸至梁身中心，与另一面岔口相接。方心与找头比为 1.25：1，方心纹饰为荷花。荷花承袭宋《营造法式》中的写生花，与现实生活中的荷花差别不大。每朵荷花依托在波纹枝蔓之上，叶片簇拥在荷花旁边，花叶舒卷自然，忍冬纹②随主蔓向两侧交替翻转。

七架梁方心结构形式与五架梁方心相同，方心与找头比为 1.2：1，方心纹饰为牡丹，牡丹花承袭宋《营造法式》中写生花的铺地卷成法，花叶肥大，不露枝条，每朵花皆在众多肥大叶片支托下盛开。

五架梁和七架梁方心与找头比，明间和两次间差别不大，几乎相同，仅三架梁区别较大。次间三架梁方心与找头比为 1.35：1，大于明间。

檩桁方心除明间脊檩为金琢墨牡丹，其余檩桁方心均为西番莲和卷草牡丹花卉交替组合。脊檩方心为金琢墨牡丹，牡丹结构更多融合了宋《营造法式》"枝条卷成"和"写生花"③，花叶平宽舒展，枝条隐现得当，枝条卷成图案构成波状的二方连续纹，花、枝形成波状曲线，花朵随波纹枝起伏，端部枝条随方心的岔口起伏上扬，接近岔口相交处置一朵含苞待放蓓蕾（图 2.3.1-15）。金檩方心

西番莲形态根据其所处上下空间的位置交替排列，即上金檩方心为 3 朵，下金檩方心为 4 朵。金檩卷草牡丹方心是牡丹花与卷草纹样的组合，一般处于檩枋方心的暗面④。明面的檩方心均为沥粉贴金，而暗面的则相对简单，彩画无沥粉贴金，仅装色。次间檩枋只有金檩做法同明间明面一样繁杂，其他做法均同明间暗面。

随檩枋与檩桁旋花为统一构图，找头半旋花与檩桁下的破旋花合为整旋花，向下延伸至随檩枋底中，随檩枋方心为波状连续忍冬纹，盒子为斜别锦纹。

檩垫枋方心分三面，一底面和两侧面。脊檩垫枋无论侧面还是底面方心均为沥粉贴金西番莲，西番莲组合形式同檩桁；其他檩垫枋方心侧面与底面纹饰结构不同，侧面为近圆形交互翻转忍冬纹，

图 2.3.1-13 北大寺前拜殿五架梁找头

图 2.3.1-14 北大寺前拜殿上金檩枋找头旋花

图 2.3.1-15 北大寺前拜殿脊檩西立面

① 岔口是清官式旋子彩画找头旋花与棱线间的规划线。参见蒋广全.中国清代官式建筑彩画技术[M].北京：中国建筑工业出版社，2005.

② 忍冬花纹属植物类装饰纹样，随佛教艺术传入中国，是南北朝时主要的装饰纹样。参见王雁卿.云冈石窟的忍冬纹装饰[J].敦煌研究，2008(4)，43~48.

③《营造法式》中以植物花纹为题材的彩画图案有三种，河南见有其中的"铺地卷成"和"写生花"。参见郭黛姮.宋营造法式五彩遍装彩画研究[M].//杨鸿勋.营造（第一辑）.北京：文津出版社，2001：204~209.

④ 以脊檩为中，背向脊檩的一面为暗面，朝向脊檩的为明面。

底面沥粉贴金西番莲，西番莲组合形式同檩桁。盒子为点金锦纹（图2.3.1-16）。

七架梁端部设硬别席锦纹盒子。檩、枋盒子为整盒子，图案分别为隐现银锭与十字别相结合形式和四合云形式。平板枋盒子为十字别旋花，大额枋盒子为轱辘锦，角柱相接两平板枋组成90度转角四合如意纹盒子。瓜柱盒子外形随其构件的长度而变化，脊瓜柱盒子为长菱形十字别旋花，金瓜柱盒子基本为常见正菱形四合云。又手彩画结构同样是一整两破旋子方心式，方心较小，仅为构件的1/5（图2.3.1-17至图2.3.1-20）。

平板枋、大额枋彩画结构同桁檩，方心纹饰为

沥粉西番莲、沥粉牡丹和无沥粉牡丹。需要指出的是后檐平板枋方心为4朵沥粉西番莲，西番莲枝条翻转近圆形，叶子舒展，连续排列。西番莲花呈火焰形坐于三瓣莲片之上，花心纹饰有银锭形、方胜形、连环形及外圆内方铜钱形，不同间的化心排列顺序不同。大额枋方心内绘触边牡丹花卉，牡丹姿态及画法同七架梁方心（图2.3.1-21）。

斗栱彩画仅残存绘画痕迹，坐斗为卷草纹和如意纹混合纹饰，栱臂及散斗为卷草纹。栱眼壁彩画损毁严重，仅后檐个别地方稍微能辨识少部分沥粉西番莲，其余皆无留存。柱头为点金轱辘锦纹，后檐柱东立面为沥粉海墁牡丹，西立面为非沥粉海

图 2.3.1-16 北大寺前拜殿明间脊檩隔架科踏枋底找头

图 2.3.1-19 北大寺前拜殿下金檩盒子

图 2.3.1-17 北大寺前拜殿脊檩盒子

图 2.3.1-18 北大寺前拜殿上金檩盒子

图 2.3.1-20 北大寺前拜殿南缝脊瓜柱北立面盒子

图 2.3.1-21 北大寺前拜殿后内檐平板大额枋

壖西番莲。牡丹形象与脊檩方心牡丹相同。西番莲枝蔓翻转呈桃圆形，花型与脊檩枋方心同，其排列形式为纵向连续排列。

南山面挑檐檩、平板枋和大额枋残存有彩画结构痕迹，颜色纹饰皆不能辨，从彩画残存入木的痕迹判为与内檐旋子彩画结构一样。

前拜殿基本色调为青、绿，主要颜色为青、绿、红、金。

后拜殿面阔三间，进深两间，单檐悬山，绿琉璃瓦覆顶。该殿为方心旋子贴两色金彩画。整体遗存较前拜殿好。前外檐遗存彩画结构完整，构图清晰，沥粉基本完整，与殿内后内额金柱平板枋、大额枋结构相同。栱眼壁彩画留存较好，柱子彩画好于前拜殿。殿内彩画为旋子金琢墨彩画（图2.3.1-22）。

三架梁结构形式与前拜殿相同，但方心纹饰结构骨架不同，两朵西番莲从方心中间向两边翻转，叶片舒展。方心为红地片金西番莲，西番莲花朵丰满，花心为石榴头状坐于三瓣莲花瓣之上。西番莲莲瓣较为肥大，有凤翅弧线。大方心，小找头，方心与找头比为 1.3∶1。

五架梁结构形式与前拜殿五架梁稍有不同，其找头为一整两破加一路[①]，该路旋花位置并非在一整两破旋花之间，而是在方心岔口之外与两破旋花之间，旋花并非单一连续旋瓣，而是如意形卷草花卉。方心为图案化莲花，区别于前拜殿五架梁写生莲花，莲花枝蔓翻卷呈椭圆形，叶片为舒展卷草形，红地片金。副箍头为卷草花卉。五架梁方心更大，占整构件长的 47%，方心与找头比 1.8∶1。

七架梁结构形式同前拜殿七架梁，方心纹饰

与三架梁同，五朵西番莲翻转连续，盒子为连环琐子锦纹。七架梁方心与找头比为 1.08∶1。

随檩枋结构形式同前拜殿，仅脊檩枋方心纹饰不同于其他檩枋方心，脊檩枋方心纹饰为七朵连续翻转西番莲，西番莲花型与梁架同，枝条翻转时两花朵节点为三瓣莲花瓣，不同于其他节点的银锭造型。

平板枋、大额枋：内额平板枋为死箍头，硬别子锦纹盒子，一整两破旋花加一路如意卷草纹，方心为七朵翻转连续西番莲，西番莲枝条翻转节点为银锭纹状，与梁架西番莲节点相同，柱头之上平板枋置同柱径宽适合的西番莲盒子。大额枋为死箍头，十字别旋花盒子，一整两破旋花，方心为绿地阿拉伯纹饰。平板枋、大额枋箍头不相互垂直（图2.3.1-23）。

图 2.3.1-22 北大寺后拜殿明间梁架

图 2.3.1-23 北大寺后拜殿后金柱内额

① 清官式旋子彩画因找头长度加长，在一整两破旋花之间加画单路旋花。

①张秀芬.元、明、清官式旋子彩画的分析断代[C]//中国文物保护技术协会第六次学术年会论文集.北京：科学出版社，2010：383—393.

前檐平板枋、大额枋：平板枋为死箍头，硬别子锦纹盒子，一整两破旋花加一路如意卷草纹，方心为波状翻转灵芝纹。柱头之上平板枋置同柱径宽，为十字别旋花盒子。大额枋为死箍头，硬别子锦纹盒子，一整两破旋花加一路如意卷草纹，方心为翻转缠枝西番莲。平板枋、大额枋箍头相互垂直。

内额栱眼壁为黑地沥粉缠枝西番莲。前外檐栱眼壁为沥粉缠枝西番莲（图2.3.1-24）。斗栱彩画均为琐子锦纹。前内檐栱眼壁为黑地花卉（图2.3.1-25）。

昂嘴彩画为点金如意云头。

前檐柱正面彩画为沥粉连续缠枝西番莲，背面为墨线连续缠枝西番莲。后金柱正面海墁沥粉牡丹（图2.3.1-26），背面为墨线连续缠枝西番莲。后檐柱为素面。前檐柱头为点金硬别子锦纹，后金柱头彩画为点金连环琐子锦纹。

调查期间，在后拜殿明间北缝七架梁上皮发现墨书沥粉题记："大明隆庆五年（1571年）四月□□梁状完。"此题记明确了该殿彩画完成的准确年代。根据张秀芬对《元、明、清官式旋子彩画的分析断代》①中提出的明代彩画时间分段，明早期为永乐至弘治年间（永乐元年1403年至弘治十八年1505年），晚期为正德至崇祯年间（正德元年1506年至崇祯十七年1644年），沁阳北大寺前后拜殿旋子彩画应属于明代晚期彩画，这与张秀芬所划分的明代彩画时间分段相吻合。

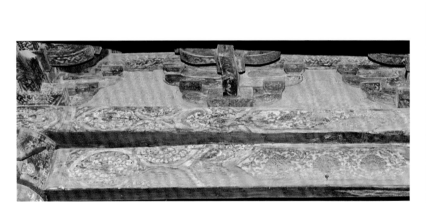

图2.3.1-24 北大寺后拜殿前外檐栱眼壁及平板大额枋

图2.3.1-25 北大寺后拜殿前檐栱眼壁

图2.3.1-26 北大寺后拜殿后金柱正面

2.3.2 朱仙镇清真寺

朱仙镇清真寺位于开封市开封县朱仙镇东南隅的老虎洞街，俗称北大寺（图2.3.2-1）。该寺始建于明嘉靖十年（1531年），清乾隆三年（1738年）重修，由赛氏家族（阿拉伯人的后裔）和山西、陕西商人集资兴建，是当时朱仙镇回族群众和在朱仙镇开设商号的信奉伊斯兰教的商人活动的重要场所。现建筑为清乾隆时期重修，为全国重点文物保护单位。朱仙镇清真寺坐西朝东，格局严谨，呈中轴线对称布局，历史遗存彩画位于卷棚前厅和拜殿。朱仙镇清真寺彩画与沁阳北大寺过厅松木纹包袱彩画形式相同。

卷棚前厅面阔五间，进深三间，硬山绿琉璃瓦顶。月梁（二架梁）彩画为两侧面加一底面的三面作画形式，每面均为小池子式方心，池子边棱退晕，池子地为青色，池子内图案已较难辨别。四架梁为海墁松木纹，两侧面设异形池子，池子边棱退晕，池子心彩画残损较为严重，已辨不清纹饰及结构。六架梁为反搭包袱式方心，找头为海墁松木纹。包袱边棱退晕，明间、稍间包袱心内纹饰为自然花卉，次间为花锦纹。八架梁亦为反搭包袱式方心，找头为海墁松木纹，侧面找头松木纹地上置盒子（图2.3.2-2）。包袱边棱退晕，包袱心内纹饰多样，明间和稍间为龙纹，次间为花锦纹。前后廊单抱头梁均为海墁松木纹，双步梁为池子方心式。檩桁、随檩枋为海墁松木纹，檩枋海墁松纹上置长矩形小池子。每间的平板枋以斗栱攒档相隔设三个小方心，中间方心纹饰为扯不断纹路，两端方心端头呈双角叶边框，平板枋端头设扯不断纹路箍头。大额枋彩画为箍头双方心形式，方心内纹饰为龙凤呈祥。斗栱彩画，坐斗为一整两破如意，栱臂底仅见青绿色，纹饰不详。栱眼壁为红地花卉（图2.3.2-3）。

图 2.3.2-1 朱仙镇清真寺山门

图 2.3.2-2 卷棚梁架

图 2.3.2-3 卷棚前檐

后拜殿面阔五间，进深三间，单檐硬山绿琉璃瓦顶。梁架构图为反搭包袱式，包袱外为海墁松木纹。明间北缝南立面：三架梁为盒子式，外为海墁松木纹，五架梁、七架梁及七架梁随梁为反搭包袱；五架梁包袱框为青地海墁花卉，方心内为红地锦纹；七架梁方心边棱为红地海墁，青色晕边，七架梁随梁边棱为回纹，方心为红地锦纹花卉。明间南缝北立面：三架梁同北缝南立面，五架梁同北缝南立面，边棱为白、红退晕，青地花卉大边棱，方心为红地花卉；七架梁两端找头设小盒子，纹饰结构同北缝南立面，七架梁随梁同北缝南立面。两次间：三架梁为盒子式，青边棱，外为海墁云山纹；五架梁外为青地花卉，方心为红地花卉；七架梁两端设小盒子，青地海墁卷草，边棱颜色已漫漶不清，其随梁边棱模糊不清，为青地卷草团形花卉（图2.3.2-4）。两稍间：三架梁为盒子式，其余同明间；五架梁边棱、方心为青地，七架梁及其随梁边棱不清，红地卷草海墁，七架梁两端找头设盒子；所有随檩枋以间为单位设三个小盒子，其余为海墁松木纹，明间柱头海墁锦纹上置俩不同盒子，以双步梁为界，上盒子为方形，下盒子为圆形；次间盒子设置不同形式，盒子分下圆上方和下方上圆两种。两稍间柱头为海墁锦纹，回纹箍头（图2.3.2-5）。

2.4 文庙建筑

郏县文庙又称文宣王庙、孔庙和夫子堂，位于郏县城区南大街中部东侧，全国重点文物保护单位。郏县文庙坐北朝南，南北长328米，东西宽145米，总面积约5万平方米。殿堂布局严谨、层次有致，虽经历代兵乱焚毁，其现存建筑仍有100多间。整体布局由中、东、西一主两次三条南北轴线贯穿。中轴线从南至北依次是泮池、状元桥、戟门、大成殿；东轴线南北依次有节孝坊、节孝祠、崇圣祠和古代儒学署，以崇圣祠和节孝祠为主体建筑。西轴线上有忠义祠、土地祠等。现仅中轴线主体建筑大成殿有历史遗存彩画。

大成殿面阔五间，进深三间，单檐歇山式（图

图 2.3.2-4 朱仙镇清真寺后拜殿大殿梁架

图 2.3.2-5 朱仙镇清真寺后拜殿大殿前檐

图 2.4-1 大成殿

2.4-1）。殿通高15.5米，坐落在高为1.14米的台基上。前檐下大额枋与平板枋透雕施彩，局部遗存少量贴金；斗栱透雕施彩（图2.4-2）。前檐四根木柱通体深浮雕腾龙，柱顶刻制虎面，俯视腾龙。殿内梁架檩枋为黑白彩画，梁架彩画为带箍头海墁式。箍头为扯不断纹饰，梁身为不分面的海墁龙钻富贵。檩、枋、椽为松木纹彩画（图2.4-3至图2.4-6）。

图 2.4-2 大成殿明间前檐

图 2.4-3 大成殿明间梁架

图 2.4-4 大成殿垫栱板

图 2.4-5 大成殿明间五架梁

图 2.4-6 大成殿稍间穿插枋

2.5 会馆建筑

2.5.1 洛阳山陕会馆[1]

洛阳山陕会馆位于洛阳老城南关菜市东街，兴建于清朝康熙十五年（1676 年），重修于嘉庆年间及道光十五年（1835 年），全国重点文物保护单位。会馆坐北面南，现存中轴线建筑自南向北有琉璃照壁、山门、舞楼、拜殿、后殿，两侧有西门楼及外僧住屋三座、东西木牌楼、东西僧住屋各两座、东西廊房、东西厢房及东西配殿。现存有彩画的建筑有山门、舞楼、拜殿、后殿、东西厢房和廊房外檐。山陕会馆彩画遗存整体较为完整，中轴线建筑彩画遗存完整程度高于两侧厢房（图 2.5.1）。

山门坐北朝南，由东西两边楼和中（门）楼组成。屋顶形式较为复杂，门楼为歇山式，两侧边楼外侧为歇山式、内侧则为硬山式。山门彩画残损

图 2.5.1-1 山陕会馆鸟瞰

① 陈磊.洛阳山陕会馆的彩画艺术[N].中国文物报，2010-09-10.

① 掐池子也叫卡池子，清官式彩画造型名称，类似方心，但不设棱线。参见：蒋广全.中国清代官式建筑彩画技术[M].北京：中国建筑工业出版社，2005.

② 皮条线是清官式旋子彩画找头内斜形栀花与旋花的规划线。参见：蒋广全.中国清代官式建筑彩画技术[M].北京：中国建筑工业出版社，2005.

严重，仅挑檐檩、枋有以攒档为单位的小池子，沥粉贴金等稍可辨，后檐遗存彩画可见龙纹、凤纹、花卉、寿纹、麒麟和锦纹等，均隐约可见，不甚清晰。组合形式也无从考证。保留颜色亦较少，可见少量的金色和青色（图2.5.1-2）。

舞楼又称戏楼，面阔五间，进深三间，高两层，平面呈"凸"字形，分南北两部分，面北为外凸形；空间上分上下两层，下层为通道，上层为舞台和休演厅，舞台面北外凸与拜殿相对，其顶设天花（舞楼北立面）。舞楼的四根天花梁，其彩画形式和清代金琢墨石碾玉旋子官式彩画非常接近（图2.5.1-3）。

舞楼四缝大梁基本为矩形，大梁彩画分两侧面和一底面。彩画形式为花卉、龙钻牡丹方心旋子彩画。天花梁方心所占比例较大，约为54%，超出梁架彩画通长一半，与清代的官式旋子彩画所常用的"三停"（即各占1/3）式构图相比，差异明显。梁侧面有意往底面伸展，以加大侧面作画空间，方心宽450毫米，大于底面掐池子①（宽180毫米）。

天花梁侧面绘找头旋花，为一整两破加单路涡旋瓣形式，整旋子和半破旋子均为三路旋瓣。旋花最外层为宽90毫米头路咬合形花瓣；旋花的第二层即二路旋瓣，为宽100毫米舒展花瓣；旋花第三层即三路旋瓣，为宽20毫米拉长如意纹；旋花花心暨旋眼呈直径150毫米花朵形，由两片相咬合的花瓣组成。箍头与整旋花间无皮条线②，破旋花与棱线间无岔口，加一单路旋花，旋瓣为涡旋纹，宽50毫米。棱线（心）宽60毫米。明间天花梁绘红地退晕花卉，次间同缝天花梁绘龟背锦纹。所绘制的方心头内呈宝剑头形，为外一波多折、内弧式的画法。明间面和次间面的方心图案与棱线图案均有明显区分，明间为裸露型金龙戏珠，而次间用简洁型龙钻牡丹，其中龙体用片金工艺做法，而鳍、毛发为拶退工艺做法。牡丹写生，为金琢墨拶退手法（图2.5.1-4）。四缝天花梁底采用官式掐池子的结构。旋花与侧面不同，大致可以分作四层：第一层的旋眼作橄榄核形状，与清代官式称作"蝉"的做法相似；第二层为连珠形；第三层呈旋瓣状；第四层则绘连珠式单路旋花、涡旋纹旋花。咬合形花瓣宽90毫米（图2.5.1-5）。

天花彩画残损严重，残留的部分也并不集中，而是分散于各处，其中以东稍间留存较多。根据现场勘察情况判断，戏楼为硬天花，不设支条，东稍间为海墁式红蝠流云，余为花卉，浅黄地、黑纹，外勾白边（图2.5.1-6）。

内檐大额枋、平板枋为带盒子的方心式构图。外檐挑檐枋对应斗栱攒档设掐池子，池子内绘龙钻富贵、凤钻富贵及不同的四时花卉，各池子画面自成一体（图2.5.1-7）。

拜殿坐北向南，与舞楼相对而置，面阔五间，进深三间，单檐歇山式（图2.5.1-8）。绘旋子彩画，地方手法浓郁，金线使用较多，以提高彩画等级。梁的用材截面为自然原材截面，其彩画同舞楼天花梁的规矩矩形材一样分为两侧面和一底面，底面彩画较窄。三架梁跨度较短，彩画仅做单池子方心式。五架梁箍头一整两破旋花方心式，整旋花外轮廓基本为正圆形，与旋眼正圆呼应，两路风格迥异旋瓣，头路旋瓣如伸展鸟翅羽，二路旋

图2.5.1-2 山陕会馆山门局部彩画

图2.5.1-3 山陕会馆戏楼天花梁

图 2.5.1-4 山陕会馆戏楼天花梁方心

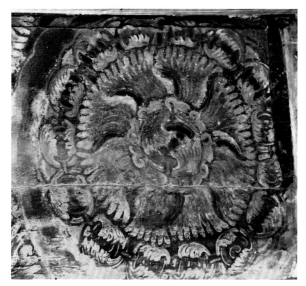

图 2.5.1-5 山陕会馆戏楼找头整旋花

图 2.5.1-6 山陕会馆戏楼天花

图 2.5.1-7 山陕会馆戏楼南外檐

瓣为咬合形花瓣，圆旋眼内置花瓣。破旋花约是整旋花的 1/4，旋瓣类型同整旋，旋眼内花瓣为莲瓣。方心头内为小锐角形外一波多折内弧式画法。七架梁两端找头设盒子，且盒子加长，盒子图案丰富，有锦纹、花卉等。盒子与找头间箍头形式多样，找头旋花为一整两破，整旋花为半圆形。三路旋瓣互不相同，头路旋瓣为涡旋纹，二路旋瓣为展开花瓣，三路为拉长如意纹，旋眼为莲瓣花瓣。破旋花为整旋花的 1/4，设六路花瓣，头路瓣同六路瓣，为拉长如意纹；二路为西番莲瓣；三路瓣为无花型单退晕；四路瓣为涡旋纹；五路瓣为展开花瓣；旋眼为莲瓣花瓣。梁架方心上下均不设置棱线，方心约占构件长的 25%，较戏楼相比，明显缩短。方心头的结构形式与戏楼相同，内侧为锐角形，外侧为一波多折内弧式，方心绘龙钻牡丹，金琢墨石碾玉画法。梁底面彩画宽度小于侧面宽度（立高），仅有侧面高度的 1/3。三、五架梁底为海墁式花卉，七架梁和穿梁底则为 1/4

图 2.5.1-8 山陕会馆拜殿南立面

旋花掐池子构图。穿梁侧面彩画以脊檩为中，分设类似掐池子的两组旋子方心，两方心间置工字纹活箍头，找头整旋花被工字纹活箍头分割为两个半旋花分置，方心为绿地五彩金龙钻牡丹，画法同戏楼。檩桁和檩垫枋彩画交替使用方心式和掐池子式：上金檩、檩垫枋分别用掐池子、方心式；中金檩、檩垫枋则分别为旋花小盒子方心、掐池子；下金檩、檩垫枋分别为无旋花长盒子方心、掐池子。随檩枋侧面刷饰无彩画，底面为海墁花卉（图2.5.1-9）。

棋垫板、平板枋、大额枋及柱头彩画殿内外区别较大。内檐棋垫板彩画多为花卉，外檐则为坐龙与行龙交替组合。内檐平板枋为箍头小方心式，箍头位置在两角科万棋棋臂之外，小方心长度仅与万棋棋臂同，置平身科斗棋之下，找头不施画，留白露原木纹（图2.5.1-10）。外檐平板枋与斗棋攒档对应部位均设置小池子。内檐大额枋结构构图同外檐平板枋，池子心沥粉贴金；前外檐大额枋则深浮雕施彩画（图2.5.1-11），后外檐大额枋明间结构形式与殿内穿梁相同，其他次间、稍间大额枋彩画则为盒子找头小方心式结构。

椽身彩画残损严重，几不可辨，仅东次间椽头有沥粉小整团旋花，旋花层次分明，旋眼呈圆形，外置一路似连珠的旋瓣，头路旋瓣为舒展花瓣形，与殿内旋花瓣呼应。斗棋彩画的外檐比内檐奢华，缘线皆贴金，坐斗雕刻并施画，其他斗画如意纹，棋臂皆雕三幅云、卷草纹后再刷饰，昂嘴彩画似火珠沥粉贴金。柱头内檐为设上下箍头的小池子，池子内画四季花卉果蔬（图2.5.1-12、图2.5.1-13）；外檐柱头彩画结构类型丰富多样，有类似流苏形式的连续破菱形、矩形，单破菱形等（图2.5.1-14）。

图2.5.1-11 山陕会馆拜殿前外檐斗棋

图2.5.1-9 山陕会馆拜殿梁架

图2.5.1-12 山陕会馆拜殿东稍内檐柱头

图2.5.1-10 山陕会馆拜殿后内檐金柱及斗棋

图2.5.1-13 山陕会馆拜殿前内檐柱头

大殿坐北面南，置于拜殿之后，面阔五间，进深二间，带前廊悬山式。彩画与拜殿风格基本一致，为地方手法所绘方心式旋子彩画。梁的截面同拜殿一致，基本是未加工自然材，三面施画。明间与次间和稍间的七架梁方心结构有明显不同（图2.5.1-15）。

明间的七架梁方心长约为梁架整体长度的50%，比官式结构明显加长。而五架梁与三架梁各部分长度大致相等，与官式近似。三架梁与七架梁彩画结构相同，方心上下不设棱线，方心头内侧作大锐角形，外侧用一波多折内弧式。三架梁为单方心式构图，方心内为双麒麟争珠、富贵祥瑞等图案。五架梁方心外绘窄锦纹棱线，方心为麒麟戏金凤组合，龙用简洁型片金，凤和麒麟则用裸露型片金手法。七架梁方心绘金龙戏火珠、凤钻牡丹等图案（图2.5.1-16）。找头以一整两破、一整两破加多路、一整两破加"喜相逢"等旋花形式搭配组合，样式丰富。旋花形式又不同于拜殿和戏楼。三架梁旋花头路为鸳鸯咬合形花瓣，二路旋花为舒展花瓣，圆形旋眼内置三片荷花瓣，底面为大方心花卉旋子彩画。五架梁旋子为三路，头路为三瓣涡旋咬合纹，二路为旋转花瓣，三路则是菊花瓣形，旋眼为三片莲花瓣，梁底为海墁花卉。七架梁旋花形式更为活泼，头路为涡旋花瓣形，二路为莲花瓣，三路为涡旋纹，四路为菊花瓣，旋眼为三片舒展鸟翅羽花瓣。梁底为半旋花掐池子、半拉瓢掐池子、1/4旋花掐池子等构图。箍头多样，同根梁两端纹饰也不相同，有连续十字形、连续如意纹形、复合仰覆莲形、硬蓬纹形、连续工字纹形。盒子多样，两个盒子外框做退晕烟云岔口（图2.5.1-17），为较典型的官式做法，河南地区少见。盒子内纹饰不同，明暗八仙、富贵吉祥、福寿平安等题材以不同组合出现。

与明间方心比例不同，次间和稍间的七架梁方心所占长度明显偏短，与清代官式的"三停"结构相近。旋花图案为一整两破旋子外加两路旋瓣，比明间略长（图2.5.1-18）。方心绘龙钻牡丹图案。

内檐檩桁、檩枋方心式彩画和掐池子式彩画

交替出现，纹饰图案同拜殿。值得指出的是明间脊檩池子构图，三个池子并不均等，中间池子稍大于两侧，在矩形池子内设上裹圆包袱，包袱心设绿地坐龙，形态威武，躯体翻转，包袱边棱设青地缠枝花卉，包袱外棱角地设红地升龙，升龙动态飘逸（图2.5.1-19）。随檩枋同拜殿。

图 2.5.1-14 山陕会馆拜殿外檐柱头

图 2.5.1-15 山陕会馆大殿明间东缝东立面彩画

图 2.5.1-16 山陕会馆大殿明间东缝梁架方心彩画

图 2.5.1-17 山陕会馆大殿梁架盒子彩画

图 2.5.1-18 山陕会馆大殿东次间梁架彩画

图 2.5.1-19 山陕会馆大殿明间脊、金檩彩画

图 2.5.1-20 山陕会馆大殿次间前檐平板枋

图 2.5.1-21 山陕会馆大殿明间前檐平板枋

外檐平板枋绘海墁龙凤钻牡丹（图 2.5.1-20），大额枋为深浮雕和透雕并用，贴金（图 2.5.1-21）。檐檩、随檩枋和正心枋均依斗栱攒档，各设小池子，每个池子均自为一整体画面。

斗栱彩画，外檐较廊内檐奢华，缘线皆贴金，坐斗雕刻并施画，其他斗底皆画莲瓣，栱臂雕刻忍冬纹饰并施画。柱头彩画较长，约占柱高的 1/10，花卉沥粉贴金，有上下箍头。

调查时，在明间檩垫枋底部发现有"清雍正十年（1732 年）十一月二十八日山陕众商创修大殿五间左右配殿各三间告竣吉祥谨志公纪"墨书题记；西次间檩枋底部留有匠人名讳，其中绘工有吴元庆、李志学、张解（或魁）聚等。东次间随檩枋则绘着首事人（即管理人）等。从墨书笔迹看，三间题记应为一人所书（图 2.5.1-22、图 2.5.1-23）。

中轴线外的两侧廊房、厢房和大殿旁配殿，仅外檐留存彩画局部，可见沥粉痕迹，有少量不全的花卉纹饰，彩画结构、构图、颜色不能辨。

图 2.5.1-22 山陕会馆大殿明间脊檩随枋众号仝立

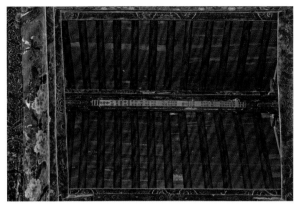

图 2.5.1-23 山陕会馆次间脊檩随枋绘工名

2.5.2 周口关帝庙[①]

周口关帝庙位于周口市沙河北岸，建于清代，由山西、陕西两地商贾集资兴建，是当时的重要商埠，因此又名山陕会馆，全国重点文物保护单位。庙内现存乾隆四十八年（1783年）《重修关圣庙诸神殿香亭钟鼓楼并照壁僧室戏房及油画诸殿铺砌庙院碑记》记载："周口河北旧有山陕会馆，中祀大殿创自康熙三十二年（1693年），五十二年傍建河伯、炎帝二殿，丁酉年建药王殿并东廊房，壬寅年建财神殿并西廊房禅院僧舍。雍正九年（1731年）重修大殿建香亭，十三年建午楼、山门。乾隆八年建老君殿，十五年建钟鼓楼，三十年建马王、酒神、瘟神殿及石碑坊、马亭、戏房，此皆前人创建尽善，庙宇巍峨可观，但历年久远风雨飘圮倾□者多，四十六年山陕商贾各捐囊资慨然乐输于窦天育等督工重修香亭、钟鼓楼、药王殿、瘟神殿及马亭、舞楼照壁、僧室、戏房并彩画诸殿两廊铺砌内外庙院，至四十八年大功告竣。基宇犹是而美轮美奂规模增新矣……"可知周口关帝庙最迟在康熙三十二年即已存在。其后的百年间，营建活动不断。

周口关帝庙现存三进院落，建筑140余间，占地25600平方米，坐北朝南，呈中轴线对称布局。飨殿、大殿、炎帝殿、河伯殿、拜殿以及东西看楼留有彩画（图2.5.2-1）。

飨殿（图2.5.2-2）是庙内中轴线上最南端的一座建筑，建于雍正九年，单檐歇山式建筑，面阔五间，进深三间，木构皆有彩画（图2.5.2-3）。外檐部分残损严重，仅见少许青、绿色彩。殿内彩画虽有损毁，但基本可辨。彩画形式包括包袱式、

① 本部分内容参见陈磊.周口关帝庙建筑彩画艺术研究[J].中原文物，2011（4）：89-92.

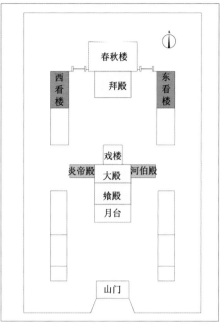

2.5.2-1 周口关帝庙彩画位置示意图

图 2.5.2-2 关帝庙飨殿一进院落

图 2.5.2-3 关帝庙飨殿梁架彩画

海墁式和掐池子式，技法比较规范。梁架侧面与底面彩画为一整体画面，随木构件自然过渡。三架梁两端绘外青内绿单退晕双层角叶包头（即包袱头），方心绘青地金狮滚绣球（图2.5.2-4）。五架梁用盒子方心海墁式，箍头线与方心头共用。两端绘宋锦地花卉长方形"死盒子"，在盒子内绘花鸟、人物等，均无重复，素色副箍头（图2.5.2-5、图2.5.2-6）。方心内绘海墁贴金凤钻牡丹，黄地，沥粉。黄地在官式和地方手法中均非常罕见。七架梁箍头盒子为海墁方心式，双角叶形方心头，青、绿色，内绘贴金巨龙，红地，沥粉。龙身回旋，两侧面为波浪形，自然咬

合，但截然分开；盒子呈长方形"死盒子"式，图案不辨，死箍头。每间檩桁两端为"死盒子"式海墁松木纹。随檩枋同样以间断白刷饰，两端绘海墁松木纹、盒子方心。内檐额、枋为掐池子式，属官式手法。斗栱无纹饰，只叠韵，也就是素式手法（图2.5.2-7）。

大殿在飨殿北侧，康熙三十二年（1693年）建造，是庙内较早建造的建筑。大殿为带前廊悬山式，面阔五间，进深二间。内、外木构架均保存有彩画（图2.5.2-8）。明间大额枋为不同形式的池子，次间为海墁式，蓝地，上浮雕夔龙博古。平板枋方心盒子，挑檐檩、外拽枋均以斗栱攒档位置为参照

图2.5.2-4 关帝庙飨殿三架梁彩画

图2.5.2-5 关帝庙飨殿五架梁盒子彩画1

图2.5.2-6 关帝庙飨殿五架梁盒子彩画2

图2.5.2-7 关帝庙飨殿七架梁彩画

绘设池子，各池子画面自成一体。明间的挑檐檩南端绘沥粉贴金凤戏牡丹，所绘凤的形态与内檐五架梁所绘相同，牡丹残损，可见粉色花蕊；外拽万栱枋在攒档之间绘青蝴蝶和红牡丹组合的小池子，基本保存完整。

内檐大木彩画与飨殿基本一致，三架梁为海墁式，五架梁和七架梁带有箍头，为活盒子海墁式。其中三架梁绘红地青色绿枝叶卷草西番莲，叶子绘画技法具有外来因素，与北京恭王府乐道堂的前卷后檐梁头侧面所绘相似。类似彩画手法在乾隆时期的故宫建筑中也有发现，呈现中西合璧的绘画风格。三架梁的红地色泽与七架梁并不相同，应该是色彩成分有别（图 2.5.2-9）。五架梁采用青色地

海墁沥粉贴金五彩金凤与沥粉拽退牡丹的组合形式，所绘金凤采用裸露型。牡丹多为下垂形式，姿态不同。相邻两朵颜色交错，粉色间以大朱相隔，花头边线沥粉、贴金，花朵渲染，枝叶拽退；方心、箍头形式多样，明间交替用柿蒂纹、回纹，次间用水波纹、涡旋纹，均贴金（图 2.5.2-10）。所绘盒子的造型也变化较多，梁架两端各绘聚锦，有几何、器物、瓜果、动物、佛手等多种形式。其中佛手指尖向下，与官式相反。盒子内绘人物、花卉、水果等，各不相同（图 2.5.2-11 至图 2.5.2-14）。

大殿七架梁绘红地海墁五彩龙云纹和金蝙蝠，龙纹、蝙蝠纹均用描金手法，龙为裸露型，同清代官式手法。方心和盒子之间用双箍头，近盒子端箍

图 2.5.2-8 关帝庙大殿架梁彩画

图 2.5.2-9 关帝庙大殿三、五架梁彩画

图 2.5.2-10 关帝庙大殿五架梁彩画

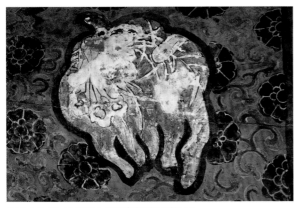

图 2.5.2-11 关帝庙大殿五架梁盒子彩画 1

图 2.5.2-12 关帝庙大殿五架梁盒子彩画 2

图 2.5.2-13 关帝庙大殿五架梁盒子彩画 3 　　　　　　　　　　　　　　图 2.5.2-14 关帝庙大殿五架梁盒子彩画 4

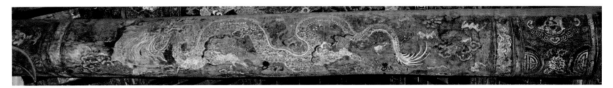

图 2.5.2-15 关帝庙大殿七架梁彩画

头青色，退单晕。盒子内绘苏画聚锦或锦纹地开光，形式多样，采用清代官式平金地做法，内容多是各种吉祥图案。近方心处箍头以片金蝴蝶和近圆形牡丹交替，牡丹形态与方心内不同，红色晕染；

图 2.5.2-16 关帝庙大殿檩枋彩画

与三、五架梁比较，七架梁的彩画技艺明显精细（图2.5.2-15）。檩桁和随檩枋合为一个作画单元，分别以开间为单位，使用卡箍头海墁松木纹手法。檩垫枋同样以开间为单位，绘掐箍头海墁万鹤流云纹（图2.5.2-16）。

河伯殿和炎帝殿位于大殿两侧。两座殿均为前廊悬山式，面阔三间，进深二间。建于康熙五十二年（1713年）。外檐彩画结构、颜色均不辨。炎帝殿大梁为不对称盒子方心式旋子彩画。旋花一整两破，箍头为复合式宽箍头。南端为单"死盒子"，绘人物；北端双"死盒子"，纹样不辨。大梁方心朝明间面为五彩龙纹，次间面大梁为狮子滚绣球和凤钻牡丹（图2.5.2-17）。檩桁、檩枋不辨。河伯

图 2.5.2-17 关帝庙炎帝殿梁架彩画

殿梁架彩画残损严重，颜色几乎不可辨。梁架彩画依木材侧面、底面分别作画，侧面宽于底面。大梁为不对称盒子方心式旋子彩画。方心头绘角叶包头，双层（图2.5.2-18）。方心内绘凤钻牡丹，其外为锦纹找头。北端见有箍头、盒子。

拜殿位于大殿之后，建于嘉庆五年（1800年），单檐卷棚式歇山顶，面阔五间，进深三间。外檐彩画保存较差，漫漶不清。内檐的大木构件彩画比外檐彩画保存情况略好（图2.5.2-19）。月梁仅两端见有色彩，结构、内容不辨。四架梁用宋

锦纹反搭包袱式彩画。六架梁为包袱式方心彩画，包袱头为角叶纹，方心绘凤钻牡丹，红地。檩为松木纹彩画，掐箍头。脊檩垫枋彩画见有箍头、扯不断纹和锦纹等。随梁枋纹饰多样，有宝剑、硬夔龙、金鱼、海墁花卉等，底面有龙腹纹、大朱方胜纹、蝙蝠等（图2.5.2-20）。

东西看楼位于春秋楼两侧，面阔五间，进深二间，单檐悬山。外檐彩画已不可辨。内檐结构、纹饰可辨，色泽较差。内檐彩画结构基本上属地方手法的"三停"式方心旋子彩画，五彩、无金（图2.5.2-21）。旋花为一整两破。方心没有绘制楞线，方心头近直角。旋花五路，二、四路为红色。三架梁方心为凤穿富贵，红地，或者万鹤流云，底面绘如意云瓣，一正一反为一单元，连续翻转，宽度略窄。五架梁方心内绘龙钻富贵图案，红地雅五墨做法，还见有流云（图2.5.2-22），底部绘蝉肚纹。檩桁、枋和大额枋、平板枋均为三段式，方心绘组合旋花，两端绘锦纹衬地聚锦型盒子。

根据碑记，关帝庙彩画于乾隆四十六年（1781年）开始绘制。结合看楼脊檩枋上"嘉庆二十二年

图 2.5.2-18 关帝庙炎帝殿梁架方心头彩画

图 2.5.2-19 关帝庙拜殿梁架彩画

图 2.5.2-20 关帝庙拜殿梁底彩画

图 2.5.2-21 关帝庙东看楼梁架彩画

图 2.5.2-22 关帝庙西看楼梁架局部彩画

四月初四日卯□上梁首事吉和合、牛统元主持广修，木工胡友哲，泥工颜仁信，玉工□康□□"题记，大殿脊檩枋上"道光十六年桂月二十六日巳时上梁大吉……主持广修，木工王大□等，□工□水章"题记，以及河伯、炎帝殿脊檩枋上"道光十六年桂月……"等墨书题记，推断本组建筑彩画属清代中期绘制，约在乾隆四十六年（1781年）至道光十六年（1836年）之间。

2.5.3 社旗山陕会馆

社旗山陕会馆位于社旗县城内西部，坐北朝南，现东西最宽62米，南北最长152.5米，建筑面积6100.44平方米。现有各式建筑二十余座。整组建筑布局严谨，排列有序，装饰富丽气派，为全国重点文物保护单位。社旗山陕会馆建于清乾隆至光绪年间（1736—1908年），山陕商贾"周知四方，遍访匠师，集工锤知技于庙建"，建筑装饰简繁适宜。

现存会馆分主院、西跨院两部。主体建筑位于主院区中轴线上，建筑分三进院落布置，以中院为最大（图2.5.3-1）。自前而后依次为琉璃照壁、悬鉴楼及两侧钟鼓二楼、大拜殿、大座殿及两侧药王殿与马王殿。悬鉴楼前为一半开敞式导引空间，其前设铁旗杆、双石狮，东西两侧为东西辕门。悬鉴楼与大拜殿间设东西廊房，大座殿后原有春秋楼，今仅存基址。西跨院自南而北原有四进院落，今仅存最北之道坊院，由门楼、凉亭、接官厅及东

西厢房组成。现有历史遗存彩画的建筑为悬鉴楼、大拜殿和大座殿。

悬鉴楼又称"舞楼"（图2.5.3-2），位于会馆的中部偏南，与大拜殿、大座殿遥相呼应，是会馆的主要建筑之一，坐南朝北。悬鉴楼分南北两部。南部为门楼，俗呼"山门"；北部为楼之主体，即舞楼。舞楼以木隔断分隔成舞（戏）台与后台（舞台梁架）。舞台内大木构架皆为朱地海墁式彩画，梁架纹饰为行龙祥云（图2.5.3-3）、四季花卉等（图2.5.3-4）。用隔扇将舞楼明间分为两部分，两次间采用古建筑的屏门。屏门设带斗栱木质屋顶并施彩画（图2.5.3-5），其彩画形式为海墁式。

大拜殿位于山陕会馆中轴线后部，南与悬鉴楼遥相呼应，北侧紧连大座殿。面阔、进深俱三间，单檐歇山卷棚琉璃屋面，为信徒参拜大座殿内关羽神像及商贾聚会议事之处。该殿内檐除两缝六架梁为红地沥粉巨龙外，其余梁檩均为黑色断白，但画工粗糙，与舞楼相比差距较大，云纹较呆板（图2.5.3-6）。殿外檩枋以斗栱攒档为单位设池子，由于年久，仅局部可见沥粉云龙及花卉。额枋及雀替高浮雕与透雕相结合，表面贴金（图2.5.3-7）。柱头堆塑龙首，龙首施彩，局部贴金（图2.5.3-8、图2.5.3-9）。

大座殿位于大拜殿之北，面阔、进深均三间，周围设回廊。前外檐额枋、雀替为深浮雕与透雕相结合，并施彩贴金。殿内楼板天花仅留存明间正中一块方形圆鼓子，彩画图案为道教八卦，圆鼓子外

图 2.5.3-1 社旗山陕会馆鸟瞰

图 2.5.3-2 社旗山陕会馆舞楼

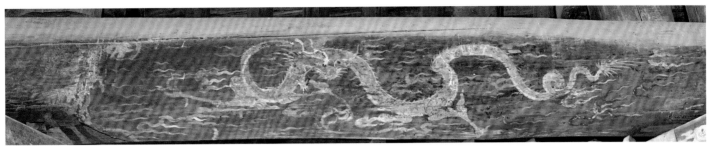

图 2.5.3-3 社旗山陕会馆舞楼梁架行龙彩画

图 2.5.3-4 社旗山陕会馆舞楼梁架花卉彩画

图 2.5.3-5 社旗山陕会馆舞楼屏门彩画

图 2.5.3-6 社旗山陕会馆大拜殿梁架彩画

图 2.5.3-7 社旗山陕会馆大拜殿额枋彩画

图 2.5.3-8 社旗山陕会馆大拜殿柱头

边棱为扯不断图案,内环则为白地红色八卦方位,天花心为黑、红阴阳鱼图案,圆鼓子外四岔角为白地黑、红展翅蝙蝠图案(图2.5.3-10)。

2.5.4 朱仙镇关帝庙

关帝庙位于开封市开封县朱仙镇,与岳飞庙相邻,坐北向南,原建筑格局不详,现仅存拜殿。建筑面阔五间,进深一间,卷棚歇山顶,绘旋子彩画。

图2.5.3-9 社旗山陕会馆大拜殿平板枋枋头

图2.5.3-10 社旗山陕会馆大座殿天花

明间东缝西立面月梁结构不清,可辨青绿色(图2.5.4-1、图2.5.4-2)。四架梁为池子式,中池子为长方夔纹,南北为圆形小池子,锦纹地,箍头为回纹,底面为青绿连续回纹。六架梁为方心式,方心绘红地金龙,回纹箍头,绿地,锦纹长方盒子,梁底绘青绿回纹(图2.5.4-3)。

明间西缝东立面同明间东缝西立面。明间月梁檩二月梁残损较重,仅北边方心旋子带盒子,绘一整两破旋花。随檩枋可见"康熙四十七年(1708年)重修"字样。金檩为方心式旋子彩画,方心内图案为海墁团花,整旋花、旋眼为红色,外四路为绿色晕边,小方盒子为锦纹,檩枋三件构图一致,箍头垂直成直线。前檐金檩同后檐,随檩枋底面为

图2.5.4-1 朱仙镇关帝庙大殿梁架1

图2.5.4-2 朱仙镇关帝庙大殿梁架2

图2.5.4-3 朱仙镇关帝庙大殿四架梁、六架梁

连续回纹图案。大额枋仅两端头可见锦纹。斗栱无论大小，斗底均为红地莲瓣。

东山面平板枋为箍头盒子，海墁锦纹式。东稍间后檐檩：绘一整两破旋花，整旋为1/2旋花，破旋为1/4旋花，方心式旋子彩画，方心内为整团花，盒子为席锦纹，东山内拽厢栱连枋底为连续锦纹（图2.5.4-4）。外檐斗栱：前檐栱昂为海墁回纹，后檐斗栱纹饰不同于前檐，平板枋底面为连续回纹。

图 2.5.4-4 朱仙镇关帝庙大殿后檐下金檩及斗栱

2.5.5 辉县山西会馆

辉县山西会馆位于城区南大街西端路北，又称"关帝庙"，系山西商人在辉县建立的聚会场所。会馆创建于清乾隆二十五年（1760年），嘉庆二年至十七年（1797—1812年）陆续增建，始成今日之规模。总建筑面积为2706平方米，为河南省文物保护单位。

会馆为一四合院式建筑群，中轴线上建筑有大门、戏楼、拜殿、正（大）殿；两侧建筑有两配房、钟楼、鼓楼、东西厢房和两配殿。现有彩画遗存的建筑有拜殿、正殿、钟楼、鼓楼及两配殿（图2.5.5-1）。

拜殿建在须弥座式高台基上，面阔三间，进深二间，单檐歇山卷棚顶。外檐彩画残损严重，仅挑檐檩局部能辨认出以斗栱攒档为单位的小池子痕迹，池子颜色及纹样不可辨。殿内梁架大木彩画形式多样（图2.5.5-2、图2.5.5-3）。月（二架）梁为海墁锦纹上置方心。四架梁为自然材截面，两侧及底面三面作画，底面较窄。侧面彩画结构为箍头掐池子式，中间池子为青地花卉，边棱为绿色；

图 2.5.5-1 辉县山西会馆鸟瞰

图 2.5.5-2 辉县山西会馆拜殿梁架1

图 2.5.5-3 辉县山西会馆拜殿梁架2

两侧池子头为角叶形。六架梁为箍头盒子海墁方心式，方心按梁身自然材作画，无底面与侧面之分。明间与次间方心大小不同，明间大方心，次间小方心，同为红地，大方心为龙云，小方心则为鱼水；次间盒子为少见的黄色，八架梁为箍头双盒子小方心式（图2.5.5-4）。檩桁和檩枋为海墁式，随檩枋则仅刷饰单色。平板枋以斗栱坐斗中设盒子，平身科或柱头科斗栱下盒子为祥瑞动物，斗栱攒档间盒子则为锦纹图案。斗栱彩画以青绿色刷饰，白色缘线，局部贴金（图2.5.5-5）。

大殿面阔三间（12.9米），进深二间（11.4米），悬山顶建筑。梁架彩画为箍头盒子式，自然材截面，三面作画，有较窄梁底面。殿内檩桁彩画则为掐池子式，以隔架科斗栱攒档设池子。山花为国画形式的风景人物画及花鸟画。明间与次间梁架彩画结构相同，构图有别。

明间三架梁为箍头小找头大方心式，绿色"死箍头"，红色如意瓣旋花，绿色花卉方心套青地折枝花卉小池子，底面为土红地连续卷草纹。五架梁为青色副箍头，绿色"死箍头"，青地花卉矩形盒

子，锦纹地大方心套长矩形池子，池子为白地人物故事；底面为青色刷饰。七架梁为青色副箍头，绿色"死箍头"，青色花卉大方心套群青地金龙五彩祥云池子；白地海墁花卉（图2.5.5-6）。

次间三架梁为小找头，大方心，方心端头一波两折，夹角较大，青色副箍头，绿色箍头退一晕；找头为一整两破旋花，花瓣呈凤翅瓣形，方心为软夔龙图案，底面为连续卷草纹。五架梁为箍头盒子大方心式，青色副箍头，绿色"死箍头"，长矩形青色地花卉盒子，红色退晕如意瓣形方心头，黄色地花卉大方心套白地人物长矩形池子，池子头呈"〔"形，单色退一晕。七架梁为不对称式箍头盒子大方心，青色副箍头，绿色"死箍头"，后檐双盒子，外盒子为绿地凤翅瓣团花，内盒子为青色地折枝花卉，前檐无盒子，兽头形方心头，锦纹地大方心套红色地凤钻富贵池子，池子头为如意头形（图2.5.5-7）。

两山墙梁架结构形式同明间（图2.5.5-8）。

挑檐檩以斗栱攒档设池子，池子图案多为花卉。平板枋同样以斗栱攒档设池子，坐斗之下池子图案沥粉贴金（图2.5.5-9）。大额枋局部深浮雕

图2.5.5-4 辉县山西会馆拜殿梁架3

图2.5.5-5 辉县山西会馆拜殿后檐斗栱

图2.5.5-6 辉县山西会馆大殿梁架

图2.5.5-7 辉县山西会馆大殿次间梁架

施彩贴金，雀替透雕施彩。斗栱以青绿色刷饰，局部贴金。上层走马板内外檐均施彩画，外檐题材多样，有三国演义中的草船借箭等民间故事；内檐多为山水风景。

大殿两侧配殿及钟楼、鼓楼、戏楼仅挑檐檩留存有彩画，但由于年久，已经不能辨清彩画的结构及纹饰，仅有彩画模糊轮廓。

2.5.6 禹州怀帮会馆

禹州怀帮会馆位于许昌禹州市城关西北隅，是怀庆府所属各县在禹县进行中药贸易的巨商富贾集资兴建的行帮会馆建筑，建于清同治十一年（1872年），因建筑青砖表面印有"怀帮"字样故称怀帮会馆。现存建筑有照壁、山门、戏楼、廊、坊、拜殿和大殿等，现为河南省文物保护单位。目前仅有拜殿和大殿遗存彩画。

拜殿面阔五间，进深一间，单檐卷棚歇山（图2.5.6-1）。本殿彩画残损较严重，仅见部分月梁锦纹池子式，四架梁籍头方式，方心头为双角叶形式，六架梁为籍头方心式，方心内纹饰为沥粉龙钻

图 2.5.6-1 怀邦会馆拜殿正面

富贵。山面四架梁为三段掐池子式，中间池子心为红地麒麟，两端池子心为黑地花卉（图2.5.6-2）。檩桁为海墁松木纹彩画，松木纹纹心内绘各种花卉，随檩枋及檩枋底面均为蝉肚纹。山花彩画为传统国画的梅、兰、松、竹等。

大殿与拜殿以勾连搭形式相连，面阔五间，进深三间。殿内梁架彩画为籍头盒子方心式，檩桁

图 2.5.5-8 怀邦会馆大殿山墙梁架

图 2.5.6-2 怀邦会馆拜殿山面梁架

图 2.5.5-9 怀邦会馆大殿前檐额枋斗栱

图 2.5.6-3 怀邦会馆大殿梁架

彩画为海墁松木纹（图2.5.6-3）。

三架梁为三面作画，底面为蝉肚纹，侧面有模糊龙纹，其他残损较为严重，已难辨。五架梁三面作画，较宽底面蝉肚纹中置阴阳图。侧面彩画为三段式结构，方心大于两侧找头，方心头呈清代常见一波两折内扣外弧式；复合式内箍头。七架梁三面作画，底面纹饰同五架梁，但窄于五架梁（图2.5.6-4）。侧面结构形式同五架梁，箍头为不对称盒子大方心式，无论外箍头还是内箍头均为复合式，方心头外端小找头亦为不对称式，纹饰内容丰富，有锦纹、仙童、文房四宝、器物组合等。方心头形式同五架梁，方心内纹饰为龙钻富贵。锦纹地盒子上置"◇"形，"◇"内红色"福、寿、喜"等（图2.5.6-5）。檩桁、随檩枋和檩枋侧面为海墁松木纹，檩枋底面则为蝉肚纹和连珠纹交替组合。柱头彩画带上下箍头，锦纹地上置矩形盒子。走马板彩画多为传统山水花鸟，局部有人物故事。山花彩画内容多为中国写意山水、花鸟、古诗及中医药理。前檐抱头梁为三面作画，底面为相对蝉肚纹，侧面为海墁虎头纹。柱头彩画带上下复合箍头，花锦纹地上置盒子。

前檐挑檐檩以斗栱攒档为单位设小池子，池子内容多为中国吉祥图案（图2.5.6-6）。斗栱栱身满绘花卉，斗底绘莲瓣，连枋攒档间图案丰富，有西洋人物画像、西洋建筑画、中国吉祥图案石榴等（图2.5.6-7）。平板枋、大额枋及骑马雀替均透雕施彩贴金。

图2.5.6-4 怀邦会馆大殿次间梁架

图2.5.6-5 怀邦会馆大殿明间梁架局部

图2.5.6-6 怀邦会馆大殿前檐走马板

图2.5.6-7 怀邦会馆大殿前檐明间斗栱

2.5.7 十三帮会馆

十三帮会馆是清代禹州城内西北隅四药商（山西、江西、怀帮、十三帮）会馆之一，清乾隆年间兴业，与山西会馆南北一路相隔，与怀帮会馆东西隔街相望，形成会馆群落。因其药商聚集，有河南省内马山口、郏县、汝州、商城及省外江苏金陵（南京）、安徽亳州等地的药材行，古人以"十三"为吉祥数故取名十三帮会议所，统称十三帮。为扩大贸易，提高商业诚信知名度，于同治十年（1871年）建成会馆内寺庙建筑。

十三帮会馆是经营中草药材贸易的商业场馆，原占地近20000平方米，由映龙池、九龙映壁、山门、花园、戏楼、钟楼、鼓楼、东西厢房、关帝殿、东配殿火神殿、西配殿药王殿的庙宇建筑与东跨院议事厅等经营、生活建筑组成，平面为矩形，为河南省文物保护单位。十三帮会馆分庙宇区、商业区、晒货场三部分，庙宇区沿南北纵轴对称设计。遗存彩画的建筑有关帝殿、东配殿火神殿、西配殿药王殿、东厢房和西厢房（图2.5.7-1）。

关帝殿为会馆主殿，与东配殿火神殿，西配殿药王殿构成该庙宇的核心区，三殿均为前卷棚后悬山勾连搭式组合。关帝殿为卷棚式，面阔三间，进深五椽（图2.5.7-2）。该殿梁架为方心式旋子彩画，檩桁为海墁松木纹。梁架彩画结构形式相同，其纹饰布置多样（图2.5.7-3）。

明间西缝梁架月（二架）梁截面为自然材三面作画，侧面海墁一整两破旋花，较窄底面为相对蝉肚纹中间置阴阳鱼。整旋近正圆形，旋眼为正圆，头路旋瓣为涡旋瓣，二路和三路均为花瓣形。四架梁为三段式构图，以檩桁距离分设三个矩形盒子，中间盒子长度大于两侧盒子，其内纹饰丰富，有宝剑、算盘、清代红顶朝帽、笔、账本等。两侧小盒子分别做黑地退晕如意烟云筒，其中一个在如意烟云筒上画游鱼。盒子间以锦纹和扯不断双箍头分离，梁两端副箍头加长，设三个1/4破旋花（图2.5.7-4）。梁底为相对蝉肚纹，蝉肚纹中心置外圆内方退晕铜钱。六架梁箍头双盒子小方心旋子彩画。外箍头形式活泼，做如意头与花瓣组合；外盒子为锦纹，内盒子为戏曲人物；内箍头为扯不断与倒切回

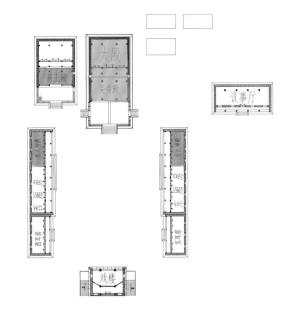

图2.5.7-1 十三帮会馆遗存彩画位置示意图

图2.5.7-2 十三帮会馆关帝殿立面

图2.5.7-3 十三帮会馆关帝殿梁架

纹组成双箍头；旋子组合加长为半破与 5 个 1/4 破旋组合。方心为红地沥粉贴金行龙，梁底同二架梁。所有瓜柱均设盒子，盒子内纹饰均不同，明间金瓜柱为西洋人物头像，其他瓜柱盒子为杂技童子。

东山面四架梁大盒子锦纹地上置四只退晕烟云筒，每筒内各有不同姿态中国杂技女童，两端小盒子则为戏曲人物（图 2.5.7-5）。六架梁锦纹地方心上置长矩形方心，方心内容复杂，有珠宝、书籍、寿桃、花翎官帽及"小心灯火""东成西就"楷书条幅和单"福"字。更为重要的是该方心内有"同仁堂"药商光绪二十九年捐资银票。

西山面四架梁大盒子锦纹地上置四只退晕烟云筒，每烟云筒内各有不同姿态金发碧眼西洋男童，南端小盒子内两人身背长枪，坐骑高马，城外巡逻；远处城池角楼和近处退晕拱桥为西洋的透视画法（图 2.5.7-6）。北端盒子内则为中国传统戏曲人物。六架梁方心为生活娱乐，有寿桃、烟杆、桥牌、书籍、年画形式"禄"，方心留较大岔口，两端岔口分置天使与圣母头像。

檩桁为海墁松木纹，松木纹心内纹饰有人物故事、龙纹、花卉等。柱头为带箍头的道教众财神。

关帝殿正殿面阔三间，进深三间。梁架中的三架梁同檩桁彩画一样均为海墁松木纹，松木纹纹心置花卉、佛像等图案。八棱脊瓜柱分画松木纹，八棱金瓜柱分置扯不断纹饰。五架梁和七架梁为三段式旋子小方心彩画，方心小于梁长的 1/3（图 2.5.7-7）。柱头为带箍头旋瓣。

山面五架梁三面作画，梁底面接近侧面彩画立高的一半。箍头形式变化复杂，盒子为中国传统人物故事；旋花组合较长，一改清官式的以内箍头起向方心排列的方式，其排列组合以方心岔口起向外箍头盒子处排列。方心头为组合式，外方心头呈"＜"形，内方心头为角叶式，梁底即海底形式为相对蝉肚纹，垂直脊檩位置设阴阳鱼，方心纹饰为麒麟。七架梁为三段式小方心结构形式，连珠式外箍头，三重盒子以组合箍头相隔，旋花为一整两旁分置 1/4 破旋，双方心头，外方心头呈"＜"形，内方心头为角叶式，方心为红地龙钻富贵。

明间东缝五架梁，三面作画，梁底面接近侧面彩画立高的一半。箍头为无退晕单色，矩形盒子内为中国戏曲人物，南端旋子小找头内置圆形退晕池子，池子内画传统中国妇女写真头像，北端旋子小

图 2.5.7-4 十三帮会馆关帝殿梁架局部

图 2.5.7-5 十三帮会馆关帝殿东山梁架局部 1

图 2.5.7-6 十三帮会馆关帝殿东山梁架局部 2

图 2.5.7-7 十三帮会馆关帝正殿梁架彩画

找头内置圆形退晕池子，池子内画西洋传教士头像。方心头呈"＜"形，方心为麒麟。七架梁为三段式小方心结构，副箍头为水纹，箍头为组合式；双盒子，外端为花卉盒子，方心南端里盒子黑地，内画清代红顶官帽、题诗扇面、墨书"东成西就"条幅、商号为"永泉茂"的收据，日期落款光绪二十九年。方心头内頔三折退一晕，方心为红地回首龙，龙吻大张，双目紧盯其前切开的西瓜（图2.5.7-8）。北端里盒子为中国传统人物故事。梁底相对蝉肚纹中间设阴阳鱼，其外缘加扯不断纹饰。

东配殿火神殿和西配殿药王殿，分别位于关帝殿两侧，后殿纵轴与关帝殿一致，面阔三间，进深一间，前卷棚后硬山，由勾连搭相接，建筑体量稍小于关帝殿。东配殿火神殿遗存彩画结构形式与关帝殿基本一致，用色较为简单。西配殿药王殿残损较重，仅局部可辨出与关帝殿结构相同的彩画痕迹，大多彩画不清，用色与东配殿火神殿一致（图2.5.7-9、图2.5.7-10）。

东厢房和西厢房位于中轴线两侧，分别由南五间和北三间相连组成，进深两间，前出廊。彩画仅存北三间。仅梁架彩画可辨，檩枋污染严重，彩画不可辨。三架梁为三面作画形式，侧面构图有两种形式，一种为两掐池子，池子中间为一整四破半旋花图案，池子内为中国画；另一种为箍头旋子方心式，箍头为连珠带，一整两破旋花，整为半旋花，破为1/4旋花，花卉大方心。梁底面较宽，绘同向蝉肚纹。五架梁为箍头盒子大方心式，单色"死箍头"，前檐为锦纹盒子，后檐为黑地花卉盒子，旋花置盒子与方心头间，旋花为一整两破加一路。方心头内頔多折，方心绘行龙。小八棱瓜柱彩画为盒子式，图案不可辨（图2.5.7-11、图2.5.7-12）。

图 2.5.7-8 十三帮会馆关帝正殿梁架彩画局部

图 2.5.7-9 十三帮会馆东配殿火神殿梁架彩画

图 2.5.7-10 十三帮会馆东配殿火神殿梁架杂耍人物

图 2.5.7-11 十三帮会馆东厢房梁架彩画局部

图 2.5.7-12 十三帮会馆西厢房梁架彩画局部

2.6 民居建筑

襄城宋氏老屋位于许昌襄城县西南湛北乡坡李村，为河南省文物保护单位，是清代坡李村一宋姓盐商住宅。原建筑为河南三进院落的典型民居，现仅存第二进院落的过厅（图2.6-1）。从其结构形式判断，其为厅堂式建筑，面阔三间，进深三间，单檐硬山式。

前廊走马雀替透雕后饰彩画，彩画遗存较差。挑檐檩、随檩枋、抱头梁及随梁枋彩画为自然山水、神话故事方心式旋子彩画，方心形式接近清末苏式彩画，有单退晕，方心纹饰和内容丰富，有自然山水、神话故事等（图2.6-2、图2.6-3）。

厅内三架梁及梁随枋彩画残损严重，已辨不清结构形式及内容。五架梁为旋子小方心彩画。其结构为箍头、双盒子、一整两破旋花和小方心（图2.6-4）。箍头形式复杂，为扯不断、单连珠带组合箍头，有副箍头。双盒子的外盒子形式为锦纹地加矩形盒子，盒子内容为历史人物故事，内盒子为花卉地加圆形盒子，盒子内容为中国画的山水风景。一整两破旋花的整旋为半圆旋花，旋眼为半菊花头，头路旋花瓣为咬合花朵形旋花，二路旋瓣为花瓣形（图2.6-5）。方心头为三折内顿，方心纹饰为自然风景。五架梁随梁枋结构形式较五架梁更为活泼，设箍头、盒子、掐池子。箍头

图2.6-1 宋氏老屋前檐现状

图2.6-2 宋氏老屋前檐明间梁架

图2.6-3 宋氏老屋前檐东次间梁架

图2.6-4 宋氏老屋梁架彩画

变化丰富，外箍头束腰仰覆莲，内箍头为瓶插花。四段掐池子亦不同，两端池子形似小方心，分设旋花找头，方心内吉祥图案"喜上眉梢"；中间池子内容是山水人物。檩桁仅后檐下金檩较为清晰，可以辨出单色旋子空方心。后檐下金檩随檩枋设不同形式小池子，池子内容各异，有软夔龙、鹊恋花等。走马板为三组不同历史人物故事画池子（图 2.6-6）。

图 2.6-5 宋氏老屋三梁架随枋彩画

图 2.6-6 宋氏老屋下金檐随枋垫板彩画

2.7 陵墓建筑

安阳袁林，即袁世凯墓，位于安阳市北关区安阳桥村（太平庄）。袁世凯墓又名"袁公林"，据墓工报告载，袁公林俗称袁林，始建于 1916 年，建成于 1918 年，占地 139 亩（大约 96227 平方米）。总体布局按照明清帝陵形制设计，北部墓台及宝顶形式按照美国第十八任总统格兰特濒河庐墓的形式建造。袁世凯墓为河南省文物保护单位，是中西合璧的典范。历史遗存彩画位于碑亭、堂院大门、景仁堂。其中牌楼为 1993 年重画。

碑亭位于袁林牌楼之北中轴线上，是面阔、进深均为三间的方形亭歇山顶建筑，屋面覆绿色琉璃瓦，内置"大总统袁公世凯之墓"墓碑（图 2.7-1）。该亭外檐为清代晚期典型的官式旋子金线大

图 2.7-1 袁林碑亭

点金彩画（图2.7-2）。其外檐挑檐檩、挑檐枋、平板枋、大额枋、小额枋方心为片金西番莲和宋锦纹交错使用；盒子为勋章、谷物纹饰的金线大点金；箍头为整箍头中压黑老。由额垫板为腰断红，斗栱缘线为黄色，栱垫板为火焰三宝珠，龙眼宝珠椽头，飞头纹饰不可辨（图2.7-3）。内檐檩枋大木为雅伍墨彩画，即平板枋、大额枋、小额枋、由额垫板彩画为烟琢墨攒退西番莲、宋锦纹方心，整栀花盒子，箍头形式同外檐（图2.7-4）。

堂院大门位于袁林碑亭之后中轴线上，单檐歇山顶，上覆绿琉璃瓦，面阔三间，进深二间，中柱式梁架结构，前带月台（图2.7-5）。其外檐檩枋大木彩画同碑亭（图2.7-6），内檐檩枋大木为烟琢墨攒退西番莲、宋锦纹心小点金彩画，保存完好（图2.7-7）。挑檐檩至大额枋的彩画，位于挑檐檩、挑檐枋、斗栱、栱垫板、平板枋、大额枋，保存完整。

景仁堂即袁林的飨堂，位于中轴线最后端，面阔七间，进深三间，单檐歇山式绿琉璃瓦覆顶（图2.7-8），原为祭祀袁世凯的场所。其外檐檩枋大木，为一整两破旋子片金西番莲、宋锦方心，盒子为金线大点金勋章、谷物纹饰，由额垫板为腰断红，斗栱做法为与大门同为黄色缘线（图2.7-9）。内檐仅天花梁、随梁枋及穿方大木为烟琢墨攒退西番莲、宋锦纹交替方心，栀花盒子大线为平金无沥粉的雅五墨（图2.7-10）。天花、支条不存，内檐彩画除天花外，保存完整。20世纪末曾对外檐彩画做过修复，故此外檐挑檐檩至平板枋的彩画保存完好。

西配殿即景仁堂西配殿，面阔五间，进深两间，硬山覆绿色琉璃瓦屋面（图2.7-11）。内檐为烟琢墨攒退西番莲、宋锦纹方心，栀花盒子雅五墨。檩枋大木为片金西蕃莲、宋锦方心，前檐盒子的勋章、谷物纹饰为金线大点金做法，后檐盒子栀花为雅五墨，斗栱也为黄色缘线（图2.7-12）。

东配殿即景仁堂的东配殿。其彩画与保存情况与西配殿基本相同（图2.7-13）。

图2.7-2 袁林碑亭外檐彩画

图2.7-3 袁林碑亭外檐明间彩画

图2.7-4 袁林碑亭内檐明间彩画

图2.7-5 袁林堂院大门

图 2.7-6 袁林堂院大门外檐彩画

图 2.7-7 袁林堂院大门内檐明间彩画

图 2.7-8 袁林景仁堂

图 2.7-9 袁林景仁堂明间外檐

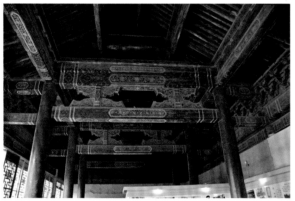

图 2.7-10 袁林景仁堂梁架

图 2.7-11 袁林西配殿

图 2.7-12 袁林西配殿内檐梁架彩画

图 2.7-13 袁林东配殿内檐梁架彩画局部

第三章·彩画特征

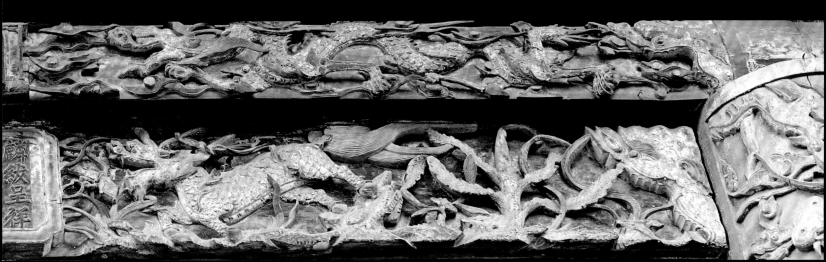

第三章·彩画特征

3.1 基本特征研究

本书依据现存建筑彩画中时代比较明确、内容大体清晰可辨的一些建筑彩画，对河南明清时期建筑彩画的纹饰结构、色彩构成、比例关系，以及在时代上的演变和地域上的特征进行初步的探讨。

3.1.1 纹饰结构

目前调查的河南明清时期建筑彩画，多为旋子方心彩画、松木纹彩画、方心海墁彩画。一座单体建筑，不同部位，彩画的纹饰结构也不同。

3.1.1.1 明代

（1）沁阳北大寺前拜殿

沁阳北大寺前拜殿俗称二拜殿。据墨书沥粉题记，彩画于大明隆庆五年（1571年）四月完成。

梁架：彩画结构为花卉、西番莲方心，锦纹盒子旋子彩画。找头为一整两破，旋花由四路旋瓣组成，七架梁东端硬别席锦纹盒子。方心纹饰从上（三架梁）至下（七架梁）为西番莲、莲花和牡丹花（图3.1-1至图3.1-4）。

檩、随檩枋及檩垫枋：彩画结构为花卉方心旋子彩画。找头旋花路数较少，由单路或两路旋瓣

图 3.1-1 沁阳北大寺前拜殿明间梁架

图 3.1-2 沁阳北大寺前拜殿明间三架梁彩画结构

组成；盒子纹饰为银锭、十字别四合云形式，方心为牡丹花花卉、西番莲卷草纹饰（图3.1-5、图3.1-6）。

平板枋和大额枋：彩画结构为片金西番莲、牡丹花卉方心，十字别、轱辘锦旋子彩画。找头为一整两破，旋花由两路旋瓣组成，平板枋、大额枋盒子为轱辘锦。方心为沥粉贴金西番莲、牡丹和无沥粉牡丹花卉纹饰（图3.1-7）。

柱：后檐柱彩画分东西两立面，其分别为沥粉海墁牡丹和海墁西番莲；柱头点金轱辘锦纹（图3.1-8、图3.1-9）。

瓜柱：则呈盒子形，分别为长菱形十字别旋花和正菱形四合云（图3.1-10）。

斗栱：残损较重，仅局部可辨卷草纹和如意纹混合纹饰坐斗，以及栱臂和部分散斗的卷草纹。栱眼壁亦只有少部分沥粉西番莲留存。

图 3.1-3 沁阳北大寺前拜殿明间五架梁彩画结构

图 3.1-4 沁阳北大寺前拜殿七架梁梁架彩画

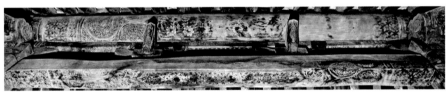

图 3.1-5 沁阳北大寺前拜殿脊檩西立面

图 3.1-6 沁阳北大寺前拜殿明间前檐上金檩西立面

图 3.1-7 沁阳北大寺前拜殿后内檐

图 3.1-8 沁阳北大寺前拜殿后金正立面

图 3.1-9 沁阳北大寺前拜殿柱头彩画

图 3.1-10 沁阳北大寺前拜殿脊瓜柱

（2）沁阳北大寺后拜殿

梁架：彩画结构为片金西番莲卷草、图案化莲花卷草方心，一整两破找头，锦纹盒子旋子彩画。找头旋花为四路旋瓣，五架梁旋花找头加"一路"，七架梁西端为连环琐子锦纹盒子。方心纹饰从上（三架梁）至下（七架梁）为西番莲、图案化荷花和西番莲。七架梁东端墨书沥粉题记：大明隆庆五年四月□□梁妆完（图3.1-11、图3.1-12）。

檩、随檩枋及檩垫枋：彩画结构及纹饰除脊檩方心外，其余同前拜殿，为花卉方心、银锭、十字别、四合云盒子旋子彩画，一整两破找头。脊檩垫枋方心纹饰为七朵连续翻转西番莲（图3.1-13）。

平板枋和大额枋：灵芝、西番莲卷草、阿拉伯文字方心旋子彩画。找头为一整两破旋花，加一路如意卷草纹。内额平板枋方心为七朵翻转连续西番莲，大额枋方心为绿地阿拉伯文字，突出了该建筑的宗教性质。前檐平板枋、大额枋为一整两破旋花加一路如意卷草纹，平板枋方心为波状翻转灵芝纹，大额枋方心则为翻转缠枝西番莲。（图3.1-14、图3.1-15）

柱：柱子彩画形式同前拜殿。前檐柱正（东立）面彩画为沥粉连续缠枝西番莲，背面为墨线连续缠枝西番莲。后金柱柱东立面为沥粉海墁沥粉牡丹，西立面为墨线连续缠枝西番莲。后檐柱为素面。前檐柱头为点金硬别子锦纹，后金柱头彩画为点金连环琐子锦纹（图3.1-16至图3.1-19）。

斗栱：彩画形式同前拜殿，前檐昂嘴有点金如意云头留存。栱眼壁形式多样。内额为黑地沥粉缠枝西番莲；前外檐为沥粉缠枝西番莲，前内檐绘制黑地牡丹、荷花等花卉。（图3.1-20至图3.1-26）

瓜柱：彩画同前拜殿。（图3.1-27至图3.1-29）

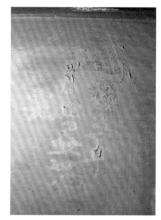

图3.1-11 沁阳北大寺后拜殿明间南缝梁架　　　　　　　　图3.1-12 沁阳北大寺后拜殿梁架彩画题记

图3.1-13 沁阳北大寺后拜殿南次间脊枋底面

图3.1-14 沁阳北大寺后拜殿前内檐明间平板大额枋

图 3.1-15 沁阳北大寺后拜殿明间内额东立面北

图 3.1-16 沁阳北大寺后拜殿后金柱上部正面

图 3.1-17 沁阳北大寺后拜殿前金柱背立面彩画局部

图 3.1-18 沁阳北大寺后拜殿后金柱柱头及平板枋

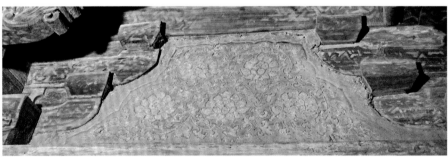

图 3.1-19 沁阳北大寺后拜殿前内檐柱柱头

图 3.1-21 沁阳北大寺后拜殿前外檐栱眼壁

图 3.1-20 沁阳北大寺后拜殿前檐斗栱昂嘴

图 3.1-22 沁阳北大寺后拜殿前内檐栱眼壁绘荷花

图 3.1-23 沁阳北大寺后拜殿前内檐栱眼壁　　　　　　　　图 3.1-24 沁阳北大寺后拜殿后金柱内额正立面栱眼壁

图 3.1-25 沁阳北大寺后拜殿后金柱内额正立面斗栱　　　　图 3.1-26 沁阳北大寺后拜殿五架梁垫栱

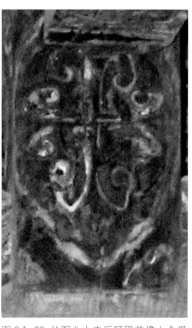

图 3.1-27 沁阳北大寺后拜殿明间后檐上　　图 3.1-28 沁阳北大寺后拜殿前檐上金瓜　　图 3.1-29 沁阳北大寺后拜殿下金瓜柱
金瓜柱　　　　　　　　　　　　　　　　　柱

（3）济源阳台宫大罗三境殿（三清殿）

梁：前明间天花梁彩画为海墁火焰行龙纹。（图 3.1-30）

天花：后明间为藻井天花彩画，天花为座龙纹。前明间天花黑地龙、凤、瑞兽纹和四时花卉纹。（图 3.1-31）

平板枋、大额枋：旋子方心彩画。其结构基本分为"三停"式，一整两破旋花，旋花呈长桃形，方心头呈宝剑头形，方心纹饰为红地海墁花卉。（图 3.1-32、图 3.1-33）

斗栱：坐斗及散斗均为如意纹，栱臂为鱼鳞纹，翘为蝉肚（龙腹纹）。前次间后檐栱眼壁正（南）立面为道教故事，背（北）立面为花鸟。前明间栱眼壁则为升龙。（图 3.1-34 至图 3.1-36）

图 3.1-30 阳台宫大罗三境殿前槽天花梁

图 3.1-31 阳台宫大罗三境殿前槽天花

图 3.1-32 阳台宫大罗三境殿后槽平板大额枋 1

图 3.1-33 阳台宫大罗三境殿后槽平板大额枋 2

图 3.1-34 阳台宫大罗三境殿后槽斗栱

图 3.1-35 阳台宫大罗三境殿前槽栱眼壁

图 3.1-36 阳台宫大罗三境殿后槽内栱眼壁

（4）温县慈胜寺大雄殿彩画

梁：平梁自然材三面作画。侧面为旋子单色彩画，旋花分三路，旋眼为宝珠如意头。方心彩画为单色自然花卉，底面彩画形式为海墁蝉肚纹。（图3.1-37）

图 3.1-37 慈胜寺大雄宝殿三架梁

叉手：彩画为忍冬草纹饰。

檩：明间脊檩彩画结构为三段式构图，小方心大找头，找头盒子与一整两破旋花几乎等长，盒子方环锦纹；旋花呈桃形，旋瓣分两路。方心头呈宝剑头形，方心内纹饰图案为荷花红地。（图3.1-38）

斗栱：个别留存坐斗可见如意纹。栱眼壁为身披袈裟坐佛像。（图3.1-39）

（5）汝州风穴寺中佛殿

檩：前檐明间上金檩彩画为四分之一破旋花，小菱形人字锦盒子，卷草荷花，回纹箍头。整体以隔架科为中心分东西两部分，西以圆形锦间隔双盒子，东以直线皮条间隔扇面盒子。（图3.1-40、图3.1-41）

斗栱：平身科坐斗可辨如意瓣纹饰。外檐栱眼壁留存部分天王力士等护法像。（3.1-42）

图3.1-38 慈胜寺大雄殿脊檩

图3.1-39 慈胜寺大雄殿栱眼壁

图3.1-40 风穴寺中佛殿前檐上金檩及隔架科

图3.1-41 风穴寺中佛殿下金檩及昂尾

图3.1-42 风穴寺中佛殿后檐栱眼壁

3.1.1.2 清早期

（1）登封初祖庵大殿

梁：三椽栿分段设三池子，池子间设一整四破旋花相隔，构件端头为一整（半旋花）两破（四分之一）旋花，池子内为团花纹饰。两缝两重三椽栿明间面各留有局部沥粉贴金金龙。（图3.1-43、图3.1-44）

斗栱：斗栱彩画遗存更少，仅东山后间平身科坐斗底留莲花，东山后次间平身科斗栱后真昂有团花图案。东次间后栱眼壁留存打坐佛像，佛像

红色袈裟敞露较多，衣纹流畅。（图3.1-45、图3.1-46）

（2）武陟嘉应观山门、严殿、东龙王殿和西龙王殿内檐

嘉应观建筑群用材之制是河南省内较少接近清代官式建筑用材模式的建筑之一。

梁：准官式旋子方心彩画，具有清代官式旋子彩画雅五墨彩画的特点。彩画结构形式为找头方心式，其比例基本为1:3:1。找头无盒子，组合箍头，方心为上裹式包袱式，方心内纹为饰福、寿、花卉等吉祥装饰题材。（图3.1-47-1、图3.1-47-2）

图 3.1-43 初祖庵明间下三椽栿

图 3.1-44 初祖庵明间东缝下、中三椽栿

图 3.1-45 初祖庵东山大斗及平板枋

图 3.1-46 初祖庵大殿后檐栱眼壁

图 3.1-47-1 嘉应观东龙王殿南次间梁架 1

图 3.1-47-2 嘉应观严殿明间西缝架梁 2

檩、檩垫板、随檩枋：檩三件分别作画。檩与随檩枋彩画结构同梁架，方心纹饰为锦纹。檩垫板结构同为旋子方心式，但箍头为单箍头，找头旋花无整旋，仅两个四分之一破旋。方心纹饰同为锦纹。（图 3.1-48）

平板枋、大额枋：平板枋结构形式及纹饰特

图 3.1-48 嘉应观东龙王殿北次间后檐下金檩、枋西立面

点同檩垫板。大额枋彩画同檩。（图3.1-49）

斗栱：斗栱同清官式烟琢墨，坐斗饰莲瓣，栱垫板为触边西番莲和卷草牡丹交替连续使用。（图3.1-50）

柱：柱头无金锦纹。（图3.1-51）

（3）武陟嘉应观中大殿

彩画形式为沥粉旋子贴金彩画。

梁：天花梁结构形式同上几处殿宇，但方心纹饰为万鹤流云。

天花：65幅龙凤图案交替排列组合，与相邻间龙凤亦交替组合。天花框架结构采用明清官式方鼓子和圆鼓子形式。方鼓子内岔角、云纹基本采用清官式形式，设色与清代早期官式青、绿、香、朱四色相一致，但色彩配置上小有不同。（图3.1-52

图3.1-49 嘉应观山门后内檐檩枋彩画

图3.1-50 嘉应观东龙王殿内檐斗栱

图3.1-51 嘉应观西龙王殿北次间后檐柱头

图3.1-52 嘉应观中大殿明间东缝梁西立面

图3.1-53 嘉应观中大殿东稍间西缝天花梁底

至图 3.1-54）

平板枋、大额枋：彩画结构、纹饰同前殿，但找头旋花沥粉贴金。

柱：柱头分三段，顶端置牡丹花，中为青绿相间如意瓣，下为沥粉贴金龟背锦纹。（图 3.1-55）

斗拱：斗拱及拱垫板彩画同山门。（图 3.1-56）

图 3.1-54 嘉应观中大殿龙凤纹天花

图 3.1-55 嘉应观中大殿内檐柱头上部

图 3.1-56 嘉应观中大殿西次间后檐内檐斗拱、平板大额枋

（4）洛阳山陕会馆舞楼（戏楼）

彩画形式为准清官式金琢墨石碾玉旋子彩画。

梁：天花梁彩画结构形式为片金裸露形金龙戏珠、隐现简洁形龙钻牡丹方心旋子彩画。旋花为一整两破加单路涡旋瓣，旋花外形呈正圆形。方心头内呈宝剑头形外一波多折内弧式画法，方心内纹饰分明、次间，明间为裸露形金龙戏珠，次间为简洁型龙穿牡丹，龙躯体为片金做法。（图3.1-57至图3.1-59）

平板枋、大额枋：采用带盒子的旋子方心式。方心内纹饰多为花卉。（图3.1-60、图3.1-61）

（5）洛阳山陕会馆拜殿、大殿

彩画形式为盒子旋子方心式。

梁：除拜殿三架梁跨度较小仅设单池子外，其他梁则为旋子方心式的结构形式。旋花外形均呈正圆形，方心头形式同戏楼，方心内纹饰为龙钻富贵。（图3.1-62、图3.1-63）

檩、随檩枋、檩垫枋：檩三件，独立构图，采用方心式和掐池子式交替出现的方法布置。（图3.1-64、图3.1-65）

平板枋、大额枋：内檐平板枋为箍头小方心式，外檐平板枋则以斗栱攒档为单位设置小池子；内檐

图 3.1-57 山陕会馆戏楼龙钻牡丹天花梁

图 3.1-58 山陕会馆戏楼裸露形龙戏珠天花梁

图 3.1-59 山陕会馆戏楼天花梁找头旋花

图 3.1-60 山陕会馆戏楼前内檐平板枋

图 3.1-61 山陕会馆戏楼前内檐大额枋

图 3.1-62 山陕会馆拜殿梁架彩画

图 3.1-63 山陕会馆大殿明间东缝梁架西侧

图 3.1-64 山陕会馆拜殿明、次间后檐檩枋

图 3.1-65 山陕会馆大殿明间后檐檩、枋

大额枋结构构图同外檐平板枋，池子心沥粉贴金；前外檐大额枋则高浮雕施彩画，其他次间、稍间大额枋彩画则为盒子找头小方心式结构。（图3.1-66至图3.1-68）

柱：柱头无论内外檐均设上下箍头。拜殿前外檐较为规矩矩形瑞兽盒子，后外檐则为破菱形连续花卉，内檐柱头亦为矩形花卉盒子。大殿前檐柱头呈流苏装沥粉花篮。（图3.1-69、图3.1-71）

斗栱及栱垫板：内檐斗栱彩画为烟琢墨，坐斗底如意纹组合，散斗则如意纹。内檐栱垫板彩画多为花卉，外檐则为坐龙与行龙交替组合。（图3.1-72至图3.1-75）

椽头：拜殿整小团花。（图3.1-76）

图 3.1-66 山陕会馆西次间后内檐平板枋大额枋

图 3.1-67 山陕会馆前外檐明间平板枋大额枋

图 3.1-68 山陕会馆大殿明间外檐平板枋大额枋

图 3.1-69 山陕会馆拜殿西次间后内檐柱头

图 3.1-70 山陕会馆拜殿后檐柱头

图 3.1-71 山陕会馆大殿前檐明间柱头

图 3.1-72 山陕会馆拜殿东稍后内檐平身科斗栱

图 3.1-73 山陕会馆拜殿西次间后内檐栱垫板

图 3.1-74 山陕会馆拜殿前檐明间

图 3.1-75 山陕会馆拜殿前檐明间升龙垫栱板

山陕会馆拜殿前檐东次间椽头 3.1-76

3.1.1.3 清中期

（1）周口关帝庙飨殿

彩画为较为规范的包袱式、海墁式和掐池子式相结合的彩画形式。

梁：三架梁海墁包袱式，仅设双层角叶包头（包袱头），包袱头（方心）内海墁青地金狮滚绣球。五架梁、七架梁盒子方心海墁式，五架梁方心头与箍头线合用，方心内黄地海墁沥粉贴金凤穿牡丹。七架梁方心头同三架梁形式，方心内红地沥粉贴金巨龙（图 3.1-77）。

檩、随檩枋、檩垫枋：檩与檩枋一样以间为单位，两端设盒子方心海墁松木纹。随檩枋仅断白刷饰绿色（图 3.1-78）。

图 3.1-77 周口关帝庙飨殿梁架

图 3.1-78 周口关帝庙飨殿檩枋彩画

（2）周口关帝庙大殿

梁：三架梁海墁式卷草西番莲，五架梁、七架梁为有箍头、活盒子的海墁式构图，盒子造型多变。五架梁为海墁式沥粉贴金裸露形五彩金凤与沥粉拶退牡丹。七架梁为箍头盒子海墁式裸露型五彩龙云纹和金蝙蝠图案（图3.1-79）。

檩、随檩枋、檩枋：檩与随檩枋以间为单位，合二为一共同作画，彩画用卡箍头海墁松木纹的做法，脊檩方心则海墁花卉蝴蝶。檩枋亦以间为单位，掐箍头绘海墁万鹤流云纹图案。（图3.1-80）

平板枋、大额枋：前廊平板枋为方心盒子式构图，大额枋则为不同池子组合和海墁式（图3.1-81）。

斗栱：雕刻并金琢墨青色为主（图3.1-82）。

（3）周口关帝庙炎帝殿

斗栱：雕刻并烟琢墨绿色为主（图3.1-83）。

梁：大梁为不对称旋子方心式，旋子为一整两破，复合大箍头，梁端头设单"死盒子"而端则设双"死盒子"。方心隐约可见五彩龙纹、凤穿牡丹和狮子滚绣球图案（图3.1-84）。

图 3.1-79 周口关帝庙大殿明间梁架

图 3.1-80 周口关帝庙大殿檩、枋彩画

图 3.1-81 周口关帝庙大殿前檐明间平板枋大额枋

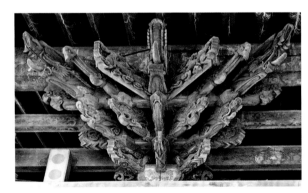

图 3.1-82 周口关帝庙大殿前檐平身科斗栱

图 3.1-83 周口关帝庙炎帝殿平身科斗栱

图 3.1-84 周口关帝庙炎帝殿梁架

（4）周口关帝庙拜殿

梁：四架梁为宋锦纹反搭包袱式。六架梁为包袱式方心，包袱头为角叶纹，包袱内为红地凤穿牡丹（富贵）。（图3.1-85）

檩：檩彩画为卡箍头松木纹的做法。（图3.1-86、图3.1-87）

图3.1-85 周口关帝庙拜殿东次间梁架

图3.1-86 周口关帝庙拜殿檩枋彩画

图3.1-87 周口关帝庙拜殿檩枋彩画局部

（5）周口关帝庙东、西看楼

内檐彩画形式：五彩无金旋子方心式。主体纹饰结构基本为三停，旋花为一整两破（整为半团花，破为四分之一整团花），方心无棱线，方心头接近直角。方心纹饰雅五墨龙穿富贵、凤穿富贵、万鹤流云，有较窄二方连续翻转如意云瓣梁底面（图3.1-88、图3.1-89）。

檩、檩垫枋：三段式构图，方心两端置锦纹衬地盒子，盒子呈聚锦型（图3.1-90）。

（6）沁阳北大寺过厅

梁：彩画形式为松木纹与包袱式混合彩画。梁两端头松木纹年轮心类似盒子，盒子内绘家畜动物纹，梁中为较小的上裹式包袱，包袱内为四季花卉（图3.1-91、图3.1-92）。

檩、随檩枋、檩垫枋：檩与随檩枋包袱共同作画，置于每间的中间位置，两端松木文心置鱼虾、家畜等不同生活环境动物（图3.1-93、图3.1-94）。檩枋则为简单松木纹刷饰。

平板枋、大额枋：松木纹心为置生活器具。

图3.1-88 周口关帝庙东看楼梁架

图3.1-89 周口关帝庙西看楼梁架

图3.1-90 周口关帝庙东看楼脊檩、枋

图3.1-91 沁阳北大寺过厅梁架彩画

图3.1-92 沁阳北大寺过厅梁架找头动物纹彩画

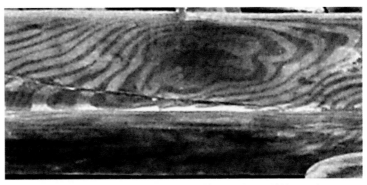

图3.1-93 沁阳北大寺过厅檩枋找头动物纹彩画

图3.1-94 沁阳北大寺过厅檩枋彩画

（7）朱仙镇清真寺卷棚厅

梁：同缝梁架的二架梁、四架梁、六架梁和八架梁彩画结构不相同。月梁为三面分别设池子；四架梁海墁松木纹加侧面异形盒子；六架梁为反搭包袱方心加找头为海墁松木纹；八架梁反搭包袱方心，找头海墁松木纹，侧面找头为松木纹地上置盒子（图3.1-95）。

檩、随檩枋：为海墁松木纹，檩垫枋为海墁松纹上置长矩形小池子。

平板枋、大额枋：平板枋以间的斗栱攒档设池子，大额枋彩画为箍头双方心形式，方心内纹饰为龙凤呈祥。

斗栱：坐斗绘一整两破如意，栱臂底仅见青绿色，纹饰不详。栱眼壁为红地花卉（图3.1-96）。

（8）朱仙镇清真寺后拜殿

梁：三架梁盒子外加海墁松木纹。五架梁、七架梁及七架梁随梁为反搭包袱外加松木纹（图3.1-97）。

檩、随檩枋、檩垫枋：均为海墁松木纹（图3.1-98）。

图3.1-95 朱仙镇清真寺卷棚厅梁架

图3.1-96 朱仙镇清真寺卷棚厅斗栱

图3.1-97 朱仙镇清真寺大殿梁架

图3.1-98 朱仙镇清真寺大殿椽、檩、枋彩画

（9）登封城隍庙卷棚拜殿

梁、檩、枋：为海墁松木纹（图3.1-99）。

平板枋、大额枋：以攒档为单位设池子，沥粉贴金（图3.1-100）。

图3.1-99 登封城隍庙拜殿明间彩画

图3.1-100 登封城隍庙卷棚拜殿东次间后内檐平板枋大额枋彩画

（10）登封城隍庙大殿

梁、檩、枋：朱砂刷饰。

前檐：类似清官式金琢墨石碾玉彩画。挑檐枋以攒档为单位设不同造型池子，池子内图案各不同，有历史人物故事、麒麟、神鹿、锦纹等（图3.1-101）。

平板枋、大额枋：平板枋以攒档为单位设池子；大额枋为大找头多方心结构形式。

斗栱：前檐金琢墨，坐斗底为莲花瓣和牡丹花瓣交替使用，沥粉贴金，栱臂底面为青地蝉肚纹。后檐斗栱烟琢墨（图3.1-102）。

图3.1-101 登封城隍庙大殿明间前檐

图3.1-102 登封城隍庙大殿内额后檐

（11）济源二仙庙紫虚元君殿

梁：为单色旋子彩画，有较窄梁底面，采用三面作画形式。旋花呈长桃形，与济源阳台宫大罗三境殿旋子形状较为相同。找头盒子呈矩形，内饰锦纹，盒子正中置圆形适合花卉（图3.1-103）。

檩、随檩枋、檩垫枋：彩画同梁。

平板枋、大额枋：平板枋彩画全部佚失。前檐大额枋透雕箍头盒子海墁方心式。找头有副箍头，盒子为祥凤、麒麟等，方心龙钻牡丹（图3.1-104）。

斗栱：仅个别小斗遗存如意纹和栱臂底遗存锦纹。

图3.1-103 济源二仙庙紫虚元君殿梁架彩画

图3.1-104 济源二仙庙紫虚元君殿前檐平板枋大额枋

3.1.1.4 清晚期

（1）济源大明寺后佛殿

彩画为旋子方心式。

梁：三架梁为箍头盒子方心式，箍头为回纹束腰仰覆莲形式，盒子人物边框为锦纹，方心为五彩金龙。五架梁、七架梁后檐从上金檩起两椽檩做单色盒子海墁彩画，前檐为五彩贴金方心彩画。五架梁为盒子旋子方心彩画，七架梁双盒子方心彩画（图3.1-105）。

檩、随檩枋、檩垫枋：前檐檩旋子为方心式，随檩枋为海墁祥云，檩枋为盒子方心式。后檐下金檩、随檩枋、檩枋为单色，结构形式同前檐（图3.1-106）。

大额枋、大额枋：平枋以间为单位设彩画结构，明间为旋子方心式；次间以斗栱攒档间设不同池子。大额枋则均以斗栱攒档间设不同池子（图3.1-107）。

斗栱：前檐明间坐斗底为旋瓣纹，其余为连

图 3.1-105 济源大明寺后佛殿明间梁架

图 3.1-106 济源大明寺后佛殿东次间后檐上金檩彩画

图 3.1-107 济源大明寺后佛殿东次间前内檐平板大额枋

图 3.1-108 济源大明寺后佛殿前内檐东次间斗栱及栱眼壁

续破如意纹，小斗为如意纹；后檐为单色锦纹。栱眼壁东次间绘道家人物，西次间绘佛家人物（图3.1-108）。

（2）郏县文庙大成殿

梁：明间为单色带箍头海墁式，绘龙钻富贵，梁身不分底面与侧面。次间为锦纹盒子海墁花卉方心（图3.1—109）。

檩、随檩枋及檩垫枋：为海墁松木纹。

平板枋、大额枋：殿外前檐大额枋彩画为浮

雕施彩海墁方心头式，方心头为龙吻吞口形。明间平板枋高浮雕与透雕龙钻祥云，中置"圣集大成"雕匾；大额枋绘凤和麒麟，中置"麟绂呈祥，凤峙纪异"雕匾（图3.1—110）。内檐海墁松木纹。

（3）朱仙镇关帝庙拜殿

梁：四架梁为箍头三池子式，中间矩形池子内饰夔纹，旁边池子为圆形席锦纹地。六架梁为箍头盒子方心式，方心为红地金龙，绿地回纹箍头，锦纹长方盒子，梁底为青绿回纹。（图3.1—111）

檩、随檩枋、檩垫枋：彩画结构均为箍头盒子一整两破旋子方心式。檩三件箍头垂直，盒子席锦纹，随檩枋底面为连续回纹。（图3.1—112）

平板枋、大额枋：残损严重，仅东次间两端头可见锦纹。

斗栱：坐斗绘凤翅瓣纹，小斗莲瓣纹。

图3.1-109 郏县文庙人成殿梁架彩画

图3.1-110 郏县文庙大成殿外檐彩画

图3.1-111 朱仙镇关帝庙梁架彩画

图3.1-112 朱仙镇关帝庙大殿后檐下金檩、枋彩画

（4）襄城宋氏老宅过厅

梁：五架梁为旋子小方心彩画。其结构为箍头、双盒子、一整两破旋花和小方心。箍头为组合式，双盒子的外盒子形式为锦纹地加矩形盒子。（图3.1-113）

檩、随檩枋：后檐下檩为单色旋子方心式。檩垫枋设不同形式小池子，池子内容各异，有软夔龙、鹊恋花等。

走马板：为多组不同历史人物故事。（图3.1-114、图3.1-115）

（5）辉县山西会馆拜殿

梁：月（二架）梁为海墁锦纹上置方心。四架梁三面作画，底面较窄。侧面彩画结构为箍头掐

池子式，中间池子为青地花卉；两侧池子头为角叶形。六架梁为箍头盒子海墁方心式，方心按梁身自然材作画，无梁底面与侧面之分。八架梁为箍头、双盒子、小方心式。（图3.1-116）

檩、檩垫枋：为海墁花卉，随檩枋为单朱色刷饰。

平板枋、大额枋：平板枋以斗栱攒档设盒子。前檐大额枋两端高浮雕透雕施彩找头，明间为三池子式，正中设高浮雕财神小池子，两端绘矩形人物故事池子。次间为海墁大方心上置小方心。（图3.1-117）

斗栱：坐斗如意纹，白色缘线，青绿色刷饰，局部贴金。

图3.1-113 襄城宋氏老屋过厅梁架彩画

图3.1-114 襄城宋氏老宅过厅走马板彩画1

图3.1-115 襄城宋氏老宅过厅走马板彩画2

图3.1-116 辉县山西会馆拜殿西山梁架彩画

图3.1-117 辉县山西会馆拜殿后内檐明次间平板枋大额枋

（6）辉县山西会馆大殿

梁：为箍头盒子形式，三面作画，有较窄梁底面。（图3.1-118）

檩、随檩枋、檩垫枋：檩和随檩枋以隔架科斗栱为界分设两池子，池子内为黑叶子花卉。檩枋为单色刷饰。（图3.1-119）

平板枋、大额枋：平板枋以斗栱攒档设池子，坐斗之下池子图案沥粉贴金。大额枋形式同拜殿。

斗栱：同拜殿。

（7）禹州怀帮会馆拜殿

梁：月梁为单池子锦纹，四架梁和六架梁为箍头方式，四架梁方心头双角叶形式。（图3.1-120）

檩、檩垫枋：檩海墁松木纹彩画，松木纹纹心内绘各种花卉。随檩枋及檩垫枋底面均为蝉肚纹。（图3.1-121）

图3.1-118 辉县山西会馆西次间梁架

图3.1-119 辉县山西会馆大殿下金檩枋彩画

图3.1-120 禹州怀帮会馆拜殿稍间梁架彩画

图3.1-121 禹州怀帮会馆拜殿脊檩枋彩画

（8）禹州怀帮会馆大殿

梁：梁分三面作画，有较窄底面。侧面为籁头盒子方心式，底面海墁式。侧面彩画为三段式结构，方心大于两侧找头，方心头呈清代常见一波两折内扣外弧式，复合式内籁头。（图3.1-122）

檩、随檩枋、檩垫枋：侧面为海墁松木纹，檩枋底面则为蝉肚纹和连珠纹交替组合。外檐挑檐檩以攒档间设池子，挑檐檩随檩枋则为海墁扯不断纹饰。

平板枋、大额枋：透雕、高浮雕二龙戏珠，施彩贴金。（图3.1-123）

斗栱：坐斗回文，散斗莲瓣纹，栱臂水草纹，外拽均以攒档间海墁锦纹上设不同纹饰池子。（图3.1-124）

大殿前外檐柱：柱头彩画带上下复合籁头，花锦纹地上置盒子。

（9）禹州十三帮会馆关帝前卷棚殿

梁：旋子方心彩画，自然材三面作画，底面较窄。旋子整旋近正圆形，方心形式灵活，个别盒子为烟云筒外形，盒子内纹饰有西洋人物头像出现（图3.1-125）。

檩：海墁松木纹，松木纹心内纹饰丰富，有人物故事、龙纹、花卉等。（图3.1-126）

柱：柱头为带籁头的盒子，盒子内道教财神。（图3.1-127）

图3.1-122 禹州怀帮会馆大殿明间梁架彩画

图3.1-125 禹州十三帮会馆关帝前卷棚殿明间西缝梁架

图3.1-123 禹州怀帮会馆大殿明间前内檐平板大额枋彩画

图3.1-126 禹州十三帮会馆关帝前卷棚殿檩枋彩画

图3.1-124 禹州怀帮会馆大殿明间前檐斗栱

图3.1-127 禹州十三帮会馆关帝前卷棚殿明间后檐柱头

（10）禹州十三帮会馆关帝殿

梁：三架梁海墁松木纹。五架梁、七架梁为三段式旋子小方心彩画，方心小于梁长的1/3。旋子无整旋，均是1/4整旋。盒子内容对当时社会形态多有反映。（图3.1-128）

檩：海墁松木纹。松木纹心有佛教人物和花卉。

柱：柱头为带箍头旋瓣纹。（图3.1-129）

3.1.1.5 清末民国

（1）安阳袁林（袁世凯墓）碑亭、堂院大门、景仁堂

梁：旋子方心式，找头、方心结构比为1：1：1的三停式组合。箍头、盒子、旋子、方心具备清晚官式做法特征（图3.1-130）。

檩：结构形式同梁架（3.1-131）。

平板枋、大额枋：结构形式同梁、檩（图3.1-132、图3.1-133）。

斗栱：烟琢墨彩画（图3.1-134）。

图3.1-128 禹州十三帮会馆关帝殿梁架彩画

图3.1-129 禹州十三帮会馆关帝殿后金柱柱头彩画

图3.1-130 安阳袁林景仁堂天花梁及随梁枋

图3.1-131 安阳袁林堂院大门西次间檩枋

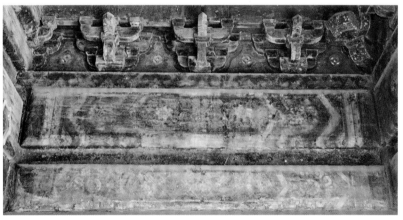
图3.1-132 安阳袁林堂院大门明间额枋

图3.1-133 安阳袁林景仁堂明间后内檐斗栱及枋

图3.1-134 安阳袁林碑亭内檐斗栱

3.1.2 色彩构成

色彩在彩画中占有重要地位，无论官式做法，还是、地方手法所作彩画，均色彩缤纷。据载，中国古代春秋时期即有丹红柱子，战国时有的木构架上就饰以彩画，"楹，天之丹，诸侯黝，大夫苍士黄"。伊东忠太提出，"中国之建筑，乃色彩之建筑也。若从中国建筑中除去其色彩，则所存者等于死灰矣"。

河南地区，明代彩画主要颜色为红、青、绿，根据调查情况，并结合文献判断，明代用色多为矿物颜料，即青为石青，绿为石绿，红为朱砂或铅丹。清代彩画用色亦以红、青、绿为主。

清代早期，官式彩画多用石青、石绿等，石青、石绿均为铜的化合物，遮盖力强，所绘色彩稳定，不易褪色。清代中期，官式彩画增加使用锅巴绿、洋青。清代晚期，在青、绿二色方面，则完全使用洋青、洋绿了。

在河南的建筑彩画，明代沁阳北大寺前拜殿和后拜殿均为青、绿、红、金色，青色接近黑色。沁阳北大寺建筑年代分明、清两个时期。夏殿、过厅和客厅为清代遗物，前拜殿和后拜殿为明代遗物。建筑遗存彩画依建其筑年代也分明清两代，后拜殿和前拜殿有明确墨书沥粉题记明代彩画遗存（图3.1-135至图3.1-140）。夏殿和过厅松木

纹加包袱形式，在河南文物建筑彩画遗存中亦占一定数量。北大寺夏殿，90年代曾经对该殿内檐做了除包袱外的红色刷饰，包袱棱线为青色，包袱内颜色基本不可辨。过厅松木纹红、黄二色为主调，包袱棱边为青色，包袱内图案为青、绿交替使用，包袱地为木纹色。

清早期洛阳山陕会馆山门局部可见青、绿和金色。戏楼在颜色使用上偏向暖色，主要颜色为红、青、绿和金色，青、红为主。天花梁明间方心棱边设青色，方心设红色，方心内金龙钻五彩牡丹。次间天花梁设色同明间相反，红棱边，青方心，金龙钻牡丹。找头旋花以青色为主，青色花瓣型旋花瓣白色缘边，咬合形旋花瓣青、红对色。箍头均为青色压红老。遗存天花地亦为青色（图3.1-141）。拜殿用色以青、红、绿、金为主，黄色、粉色点缀。三梁架、五梁架、七架梁以及下金檩以上檩、枋均为青色底色，方心五彩金龙，明间七架梁盒子红色地，贴金麒麟。下金檩及随梁枋方心地为绿色，五彩金龙。旋花为青色，旋瓣白色缘边，红色旋眼，金色旋子外缘线（图3.1-142）。大殿用色同拜殿，方心设色讲究青、红色间色。同缝梁架的明次间面方心不同。明间东缝梁架五架梁为红色地，而七架梁则为青色地；那么其另一面则是东次间西缝西立

图3.1-135 沁阳北大寺后拜殿明间北缝梁架明间面

图3.1-136 沁阳北大寺后拜殿明间南缝梁架北次间面

图3.1-137 沁阳北大殿前拜殿明间北缝梁架北次间面

图3.1-138 沁阳北大寺前拜殿明间北缝梁架明间面

图3.1-139 沁阳北大寺前拜殿脊檩找头

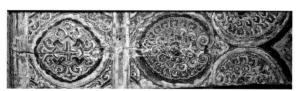

图3.1-140 沁阳北大寺后拜殿后内额大额枋找头

图 3.1-141 洛阳山陕会馆戏楼天花梁

图 3.1-142 洛阳山陕会馆拜殿明间脊部间

面，五架梁方心为青色地、七架梁方心则为红色地（图3.1-143）。

清中期的周口关帝庙飨殿用色以青、黄、红、绿。梁架方心从上至下依次为三架梁青地，五架梁黄地，七架梁红地。三架梁方心五彩金麒麟争绣球，方心头外青内绿双角叶；五架梁方心绘绿凤钻粉牡

丹，凤身贴金。内宽箍头黄地青退晕，盒子同样黄地青边。七架梁青龙祥云，龙躯贴金，青绿角叶方心头，青箍头。檩枋底面绿色刷饰，檩及随檩枋海墁松木纹，纹饰颜色接近木材色（图3.1-144）。大殿用色以青、红、金、黄为主，少量绿色，兼有粉色。三架梁深红色，青色花朵绿枝叶卷草西番莲图案。五架梁为青色地五彩金凤五彩写生牡丹。找头同为青色地上置聚锦盒子。箍头青地贴金。明、次间七架梁为红地海墁五彩龙云纹和金蝙蝠，稍间红地五彩无金云龙。檩桁与随檩枋青色卡箍头海墁松木纹，檩枋底面为掐箍头海墁万鹤流云纹图案。（图3.1-145、图3.1-146）。

清晚期的辉县山西会馆大殿青、绿、红、黄、章丹色为主，兼有粉色。明间三架梁为绿箍头，红

图 3.1-143 洛阳山陕会馆大殿东次间梁架

图 3.1-144 周口关帝庙飨殿明间梁架

图 3.1-145 周口关帝庙大殿明间梁架

图 3.1-146 周口关帝庙大殿次间梁架

色如意瓣旋花，绿色地大方心套章丹色地小方心，小方心内青色退晕卷草花卉。梁底面为章丹色地连续卷草纹。五架梁为青色副箍头、绿色"死箍头"、青地花卉矩形盒子、锦纹地大方心套长矩形池子，池子为白地人物故事；底面为青色刷饰。七架梁为青色副箍头，绿色"死箍头"，青色花卉大方心套群青地金龙五彩祥云池子；白地海墁花卉。次间三架梁为青色副箍头，绿色箍头褪一晕；青色地方心，红色黑叶子花卉。底面同三架梁。五架梁为青色副箍头，绿色"死箍头"，长矩形青色地花卉盒子，红色退晕如意瓣形方心头，黄色地花卉大方心套白人物长矩形池子。七架梁为不对称式箍头盒子大方心，青色副箍头，绿色"死箍头"，后檐双盒子，外盒子为绿地凤翅瓣团花红色花心，青色退晕凤翅

瓣；内盒子青色地红色折枝花卉，前檐无盒子，青色退晕兽头形方心头，锦纹地大方心套红色地凤钻富贵池子。檩枋池子地为章丹色，青色花卉或软夔龙。（图 3.1-147、图 3.1-148）

3.1.3 比例关系

明代：河南明代建筑旋子彩画基本为小找头，大方心。找头与方心比在 1∶1.1~2 之间，以沁阳北大寺和阳台宫大罗三境殿为例进行简要说明。

沁阳北大寺前殿旋子方心结构比例：三架梁方心长是梁长 1/2，找头（旋子、箍头）长为方心长的 1/2。五架梁方心与梁的长度比、方心与找头比皆同三架梁。七架梁方心是梁长的 3/7，找头是方心的 2/3（图 3.1-149、图 3.1-150）。檩、随

图 3.1-147 辉县山西会馆明间梁架

图 3.1-148 辉县山西会馆大殿次间梁架

图 3.1-149 沁阳北大寺前拜殿梁架彩画结构比例

檩枋、檩枋的方心与其自身构件长的比同七架梁。

后拜殿旋子结构比：三架梁方心长是梁长 1/2，找头（旋子、箍头）长为方心长的 1/2。五架梁、七架梁方心与梁长比与前拜殿七架梁同。檩、随檩枋、檩枋与其自身构件长的比同前拜殿。（图 3.1-151 至图 3.1-155）

图 3.1-150 沁阳北大寺后拜殿梁架彩画结构比例

图 3.1-151 沁阳北大寺前拜殿脊檩、上金檩彩画结构比例

图 3.1-152 沁阳北大寺后拜殿脊檩彩画结构比例

图 3.1-153 沁阳北大寺后拜殿上金檩彩画结构比例

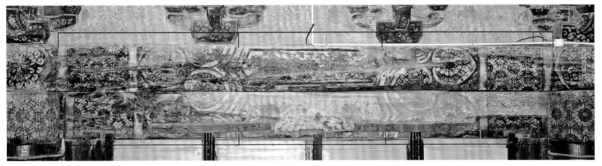

图 3.1-154 沁阳前拜殿前内檐明间平板枋大额枋彩画结构比例

图 3.1-155 沁阳北大寺后拜殿前檐平板枋、额枋彩画结构比例

阳台宫大罗三境殿天花梁是无籀头海墁式，彩画结构同自身梁长。内额平板枋、大额枋方心长是其自身构件长的 3/7，找头长是方心的 2/7。（图 3.1-156）

清代：旋子彩画找头与方心比缩小，基本在 1：1.15~1.3：1 之间。以洛阳山陕会馆、周口关帝庙和辉县山西会馆为例。

洛阳山陕会馆戏楼天花梁方心是梁长的 4/7，找头长为方心长的 2/7（图 3.1-157）。拜殿三架梁方心为梁长的 2/3，找头是方心长的 2/3。五架梁方心是梁长的 3/7，找头长是方心长的 2/3。七架梁方心长是梁长的 2/5，找头长是方心长的 3/4（图 3.1-158）。檩、随檩枋交替出现的方心式和掐池子，基本等长。大殿三架梁方心长是梁长的 1/3，找头

图 3.1-156 济源阳台宫大罗三镜殿内额大额枋彩画结构比例

图 3.1-157 洛阳山陕会馆戏楼天花梁彩画结构比例

图 3.1-158 洛阳山陕会馆拜殿明间梁架彩画结构

图 3.1-159 洛阳山陕会馆明间梁架彩画结构比例

图 3.1-160 洛阳山陕会馆大殿脊檩、上金檩彩画结构比例

和方心基本等长，结构比为 1：1。五架梁结构比同三架梁。七架梁方心长是梁长的 4/7，找头长基本与方心等长。檩、随檩枋结构比同拜殿，但明间脊檩不均等，中间池子大于其相邻池子。（图 3.1-159 至图 3.1-161）

周口关帝庙飨殿的三架梁方心长几乎等长于梁长 7/9。五架梁方心长是梁长的 3/5，找头长是方心长的 2/5。七架梁结构同五架梁，方心长占整梁长 5/7（图 3.1-162）。檩、随檩枋方心长是其自身长的 3/4，找头长是方心长 1/7。大殿梁架及檩、

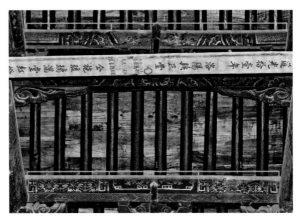

图 3.1-161 洛阳山陕会馆拜殿中金檩、下金檩彩画结构

图 3.1-162 周口关帝庙飨殿梁架彩画比例

图 3.1-163 周口关帝庙大殿梁架彩画结构比例

图 3.1-164 周口关帝庙大殿脊檩、上金檩彩画结构比例

图 3.1-165 辉县山西会馆大殿梁架彩画结构比例

枋彩画结构比同飨殿（图 3.1-163、图 3.1-164）。拜殿的月梁彩画结构同梁长。四架梁方心长是梁长的 3/5，找头长是方心长的 1/3，六架梁方心长是梁长的 4/5，找头长是方心长的 1/7。檩、随檩枋彩画结构比同飨殿。

辉县山西会馆大殿三架梁方心长是梁长的 2/3，找头长是方心长的 1/3；五架梁彩画结构比同三架梁；七架梁方心长是梁长的 3/5，找头长是方心长的 3/5。檩、随檩枋池子长均等，约为每间檩长的 1/3。（图 3.1-165、图 3.1-166）

图 3.1-166 辉县山西会馆大殿脊檩、上金檩彩画结构比例

3.2 方心及旋花造型

除了上述时代特点外，河南明清时期彩画在方心头、方心纹饰、旋花等方面，也体现出了一定的时代特征。

3.2.1 方心头轮廓造型与演变

明代方心头内颛，呈宝剑头形及多折内颛。（图3.2-1 至图3.2-18）

图 3.2-1 沁阳北大寺后拜殿南次间三架梁方心头

图 3.2-2 沁阳北大寺后拜殿明间后檐内额平板枋大额枋方心头

图 3.2-3 沁阳北大寺前拜殿三架梁方心头

图 3.2-4 沁阳北大寺后拜殿七架梁方心头

图 3.2-5 沁阳北大寺后拜殿明间后檐下金檩方心头

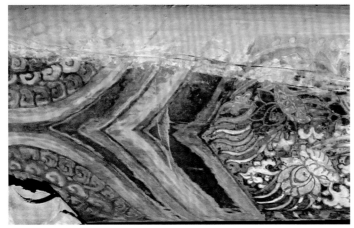

图 3.2-6 沁阳北大寺前拜殿明间南缝五架梁方心头

图 3.2-7 沁阳北大寺后拜殿五架梁方心头

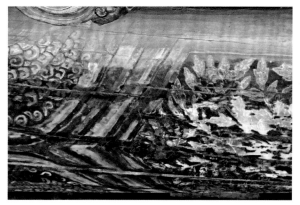

图 3.2-8 沁阳北大寺前拜殿明间南缝七架梁方心头

图 3.2-9 沁阳北大寺前拜殿脊檩随枋底方心头

图 3.2-10 沁阳北大寺前拜殿明间脊檩方心头

图 3.2-11 沁阳北大寺前拜殿上金檩方心头

图 3.2-12 沁阳北大寺后拜殿脊檩随檩枋底方心头

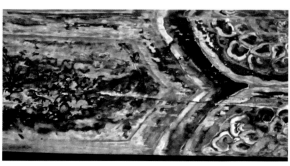

图 3.2-13 沁阳北大寺前拜殿上金檩随枋底方心头

图 3.2-14 沁阳北大寺后拜殿前檐平板枋大额枋方心

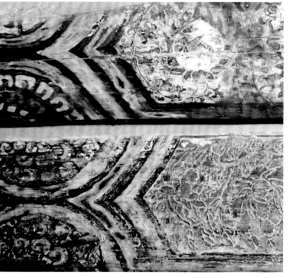

图 3.2-15 沁阳前拜殿内檐平板枋大额枋方心头

图 3.2-16 沁阳前拜殿前内檐明间平板枋方心

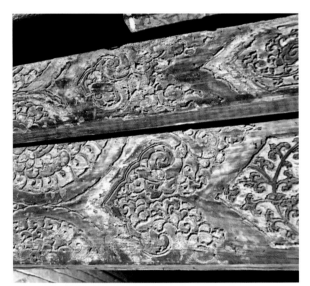

图 3.2-17 阳台宫大罗三境殿内槽平板大额枋方心头

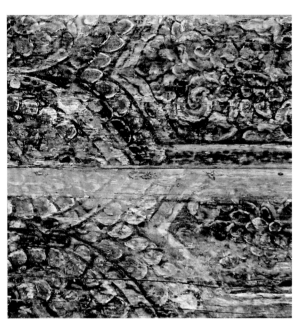

图 3.2-18 阳台宫大罗三境殿内槽明间前檐平板枋大额枋

清早中期呈宝剑头形较多，也有海棠盒子状。（图 3.2-19 至图 3.2-32）

图 3.2-19 襄城宋氏宅院过厅五架梁方心头

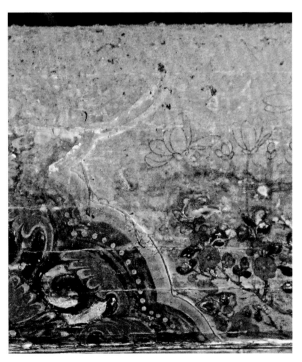

图 3.2-20 襄城宋氏宅院过厅五架梁随梁枋方心头

图 3.2-21 洛阳山陕会馆拜殿五架梁方心头

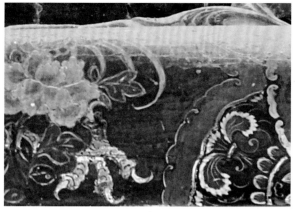

图 3.2-22 洛阳山陕会馆拜殿七架梁方心头

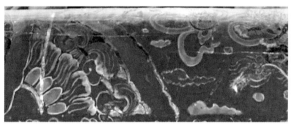

图 3.2-23 洛阳山陕会馆大殿明间三架梁方心头

图 3.2-24 洛阳山陕会馆大殿明间七架梁方心头

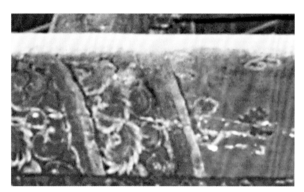

图 3.2-25 洛阳山陕会馆大殿明间西缝五架梁方心头

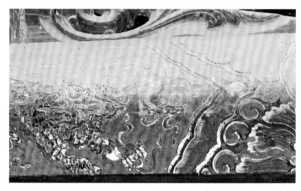

图 3.2-26 洛阳山陕会馆拜殿明间双步梁

图 3.2-27 洛阳山陕会馆拜殿穿梁底方心头

图 3.2-28 洛阳山陕会馆戏楼天花梁方心头

图 3.2-29 袁林景仁堂天花梁及随梁枋方心头

图 3.2-30 周口关帝庙西看楼脊檩方心头

图 3.2-31 周口关帝庙东看楼五架梁找头

图 3.2-32 周口关帝庙飨殿七架梁方心头

清晚期海棠盒子状，宝剑头外加花瓣及三折内颤。（图 3.2-33 至图 3.2-38）

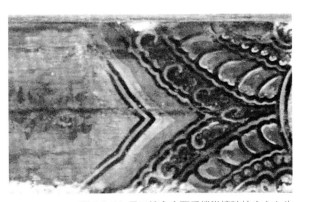

图 3.2-34 周口关帝庙西看楼脊檩随枋底方心头

图 3.2-33 禹州怀邦会馆大殿七架梁方心头

图 3.2-35 禹州十三帮会馆关帝拜殿六架梁方心头

图 3.2-36 禹州十三帮会馆关帝拜殿四架梁方心头

图 3.2-37 周口关帝庙拜殿六架梁方心头

图 3.2-38 周口关帝庙飨殿三架梁方心头

3.2.2 方心纹饰变化

明代方心多为花卉，如牡丹、西番莲、莲花、灵芝。（图 3.2-39 至图 3.2-49）清早期为龙纹牡丹（图 3.2-50），清中晚期以龙钻牡丹、凤钻牡丹为主，清末民国初以西番莲、锦纹方心等为主要纹饰。

图 3.2-39 沁阳北大寺后拜殿南次间后檐上金檩方心

图 3.2-40 沁阳北大寺前拜殿明间脊檩及随檩枋方心

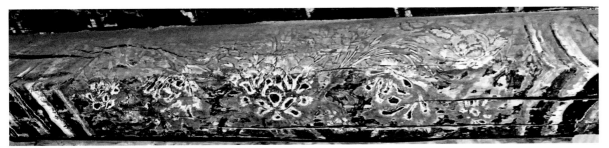

图 3.2-41 沁阳北大寺后拜殿明间后檐下金檩方心

图 3.2-42 沁阳北大寺后拜殿五架梁方心

图 3.2-43 沁阳北大寺后拜殿南次间三架梁方心

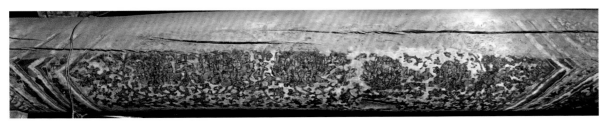

图 3.2-44 沁阳北大寺后拜殿明间北缝七架梁方心

图 3.2-45 沁阳北大寺前拜殿明间前檐上金檩方心

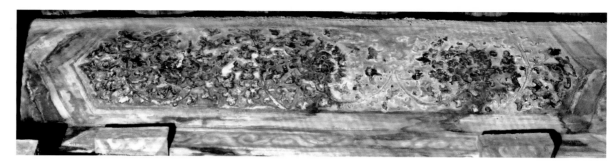

图 3.2-46 沁阳北大寺前拜殿明间下金檩方心

图 3.2-47 沁阳北大寺前拜殿明间七架梁方心

图 3.2-48 沁阳北大寺前拜殿五架梁方心

图 3.2-49 沁阳北大寺前拜殿明间三架梁方心

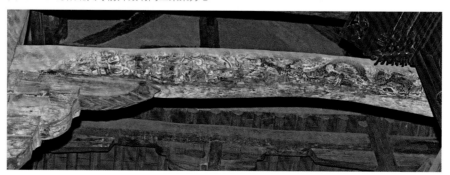

图 3.2-50 初祖庵明间七椽栿方心

3.2.3 旋花的造型与演变

旋花造型由明代长（椭圆形）桃形、"多路数"、多花瓣向清代较为圆形、正圆形"少路数"，少花瓣简化。（图 3.2-51 至图 3.2-66）

图 3.2-51 沁阳北大寺前拜殿脊檩整旋花

图 3.2-54 沁阳北大寺后拜殿七架梁底旋花

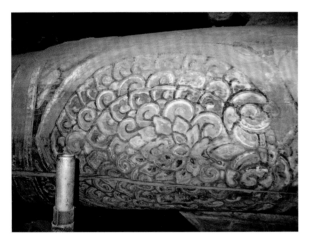

图 3.2-52 沁阳北大寺后拜殿五架梁找头整旋花

图 3.2-55 洛阳山陕会馆戏楼天花梁整旋花

图 3.2-53 阳台宫大罗三境殿后内额平板枋旋花

3.2-56 洛阳山陕会馆拜殿东次东缝西立七架梁整旋花

图 3.2-57 洛阳山陕会馆大殿明间西缝东立面三架梁整旋花

图 3.2-58 洛阳山陕会馆大殿明间西缝五架梁整旋花

图 3.2-59 洛阳山陕会馆拜殿稍间七架梁旋花

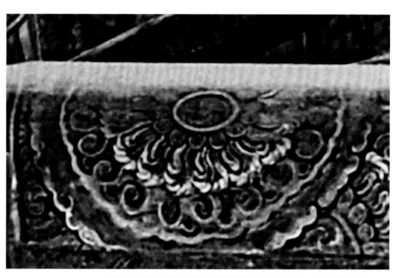

图 3.2-60 洛阳山陕会馆拜殿西次间东立面五架梁整旋花

图 3.2-61 嘉应观中大殿天花梁整旋花

图 3.2-62 嘉应观东龙王殿五架梁整旋花

图 3.2-63-1 禹州十三帮会馆关帝前殿三架梁旋花

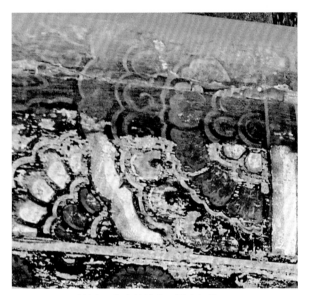

图 3.2-63-2 禹州十三帮会馆关帝拜殿七架梁

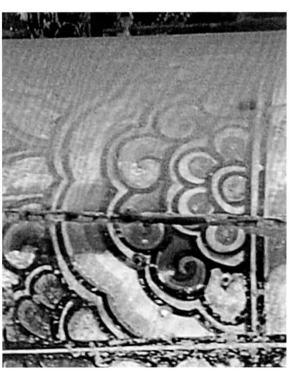

图 3.2-63-3 禹州十三帮会馆关帝拜殿七架梁半旋花

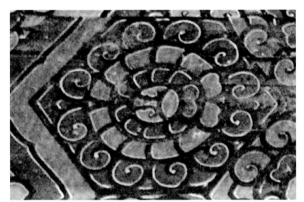

图 3.2-65 安阳袁林景仁堂天花梁旋花

图 3.2-66 安阳袁林景仁堂穿梁旋花

图 3.2-64 禹州十三帮会馆关帝前殿柱头旋花

3.3 彩画内容与建筑性质的关系

此次调查的诸多建筑彩画中，彩画内容与所依附的建筑的使用性质，表现出了一定程度上的关联性。

3.3.1 佛教建筑

初祖庵大殿、慈胜寺大雄殿的栱眼壁中，多绘坐佛像。风穴寺中佛殿的栱眼壁内绘护法群像，大明寺后佛殿梁架及栱眼壁上绘佛教故事盒子。这些均从侧面印证了建筑的使用性质。这些建筑都是典型的佛教建筑，所绘的部分内容也具有鲜明的佛教特色。（图 3.3-1 至图 3.3-4）

图 3.3-1 慈胜寺栱眼壁

图 3.3-2 风穴寺栱眼壁

图 3.3-3 初祖庵栱眼壁

图 3.3-4 大明寺栱眼壁

3.3.2 道教建筑

阳台宫大罗三境殿为道教建筑，棋眼壁中的道教故事、道士群像，充分表明了建筑的宗教特性。

（图 3.3-5 至图 3.3-7）

图 3.3-5 阳台宫大罗三境殿棋眼壁

图 3.3-6 阳台宫大罗三境殿内槽棋眼壁

图 3.3-7 阳台宫大罗三境殿内槽棋眼壁

3.3.3 会馆建筑

怀帮会馆、十三帮会馆梁架盒子中的药商行的银票、算盘等不但表明了建筑的性质和用途，也充分显示了建筑使用者的身份。（图3.3-8至图3.3-10）

3.3.4 伊斯兰建筑

北大寺前、后拜殿方心纹饰为荷花、西番莲、牡丹、灵芝，均是伊斯兰教信众和教义所尊崇的植物，阿拉伯文古兰经经文方心更充分表露了伊斯兰的宗教信仰。（图3.3-11至图3.3-13）

图 3.3-8 十三帮会馆同仁堂分号

图 3.3-9 十三帮会馆"永泉茂"号

图 3.3-10 怀邦会馆怀远堂

图 3.3-11 沁阳北大寺前拜殿后内檐平板枋

图 3.3-12 沁阳北大寺后拜殿前檐平板枋

图 3.3-13 沁阳北大寺后拜殿后内额平板枋方心

3.3.5 民居建筑

宋氏老屋为普通百姓的居所，走马板上所绘人物故事、生活场景等，表明了普通百姓的日常生活，彰显出建筑的使用用途。（图3.3-14至图3.3-17）

3.4 河南明清时期建筑彩画的艺术特色

河南明清时期建筑彩画在配置上特点鲜明，突出重要的中轴线建筑，前后、左右层次分明，同时继承了中国古代彩画作的优良传统，内容丰富。

首先，河南明清时期建筑彩画在遵循结构逻辑的同时，又能突破结构逻辑的制约，不拘泥于各构件之间的相互逻辑关系，突破了檩、垫、枋等建筑构件的界限，使得一座建筑的彩画呈现出强烈、透彻的立体感、透视感，完全忽略了构件载体表面产生的透视错觉。

其次，河南明清时期建筑彩画在绘画技法上，表现手法轻快、活泼，画面风趣、丰美，同时可以充分地体现出每座建筑的使用功能，反映了中国古代建筑通过细部装饰突显整体性格的独特机制。

再次，河南明清时期建筑彩画兼容并包，不予相互否定排斥，在不同的环境表现出不同的艺术构思，体现出了彩画艺人艺术创作不搞"一刀切"，并能大胆创新的精神。而在艺术手法上的相互补充，在秩序中寻求变化的设计思想，使得色彩表现既凝重端庄，又疏朗流畅。

最后，河南明清时期建筑彩画运用了多变的处理方法，匠人们结合不同体量、形式的具体建筑，既根据建筑自身在整体布局、构架结构等方面的特点和具体要求进行绘制，同时也非常注意建筑与周围环境的融合，以达到建筑、装饰二者在艺术上的高度和谐统一。

概括而言，河南明清时期现存的木构建筑彩画，具有浓厚的中原地区地域特色，蕴含着极其丰富、具有重要价值的工艺信息和历史信息，充分体现出装饰与绘画的双重特点和属性，代表了中原地区明清时期建筑装饰的水平和特色。

图 3.3-14 宋氏老屋过厅前檐明间

图 3.3-15 宋氏老屋过厅后内檐走马板 1

图 3.3-16 宋氏老屋过厅后内檐走马板 2

图 3.3-17 宋氏老屋过厅后内檐走马板 3

第四章·营造技术

◎工具与原料

◎衬地做法与材料

◎工艺程序

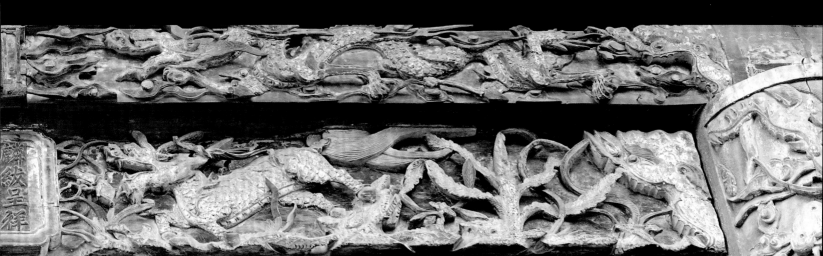

第四章·营造技术

4.1 工具与原料

4.1.1 工具

长期以来，对河南彩画的研究十分匮乏，且河南有师承关系的彩画工匠已有绝续之兆，从拜访的 75 岁至 90 岁老匠师处得知，河南明清时期建筑彩画所使用工具基本与清官式彩画相同，而且许多工具目前仍在使用。

绘画工具：传统工具基本使用毛笔、油漆鬃刷，目前使用频率较高的还有油画笔。目前毛笔仅在要求精细的地方使用，例如切活、拉大小粉等工序。为了适应工序的需要，还会使用"变体毛笔"。如为保证圆形的规整，经常使用"圆规式毛笔"：将针尖与毛笔笔头绑在一起，呈"y"字形状，以针尖为圆心绘制。河南地区一般也使用油画笔和毛笔，大面积刷色时则使用排刷。在绘画时，还要使用俗称"靠尺"的界尺。靠尺是绘制直线和支撑手臂的工具，因此靠尺也叫搭尺。靠尺最早是画界画用的，类似一个板子，长度有二尺（1尺≈0.33米）、二尺五、二尺六，宽度为 3 厘米，厚度为 1 厘米。推光漆上的描金也是用靠尺。靠尺的实用价值很大。绘制彩画的时候脚手架上会多处放置靠尺，都以便随时使用。

贴金工具：常用的贴金工具有金夹子、大白粉、棉花等。贴金时为防风吹，一般还要用布或苇席搭金帐子。贴金要凭手工完成，贴上去后用棉花压实。棉花也可用油画笔代替。沥粉的细部用油画笔，大

①严静. 中国古建油饰彩画颜料成分分析及制作工艺研究[D]. 西安：西北大学文物保护学，2010

的地方用刷子。

盛放用具：传统上盛放颜料的容器均为瓷碗、瓦盆之类，盛放颜料的工具多为饭碗，使用时或置于构件上，或端在手中，一般不用北京地区常见的碗络。现在工匠以小型塑料桶替代瓷碗，有时也会就地取材：如将塑料饮料瓶横截，用下半部分盛放颜料，或将纸杯相套盛放。用量大时，直接用铁皮桶。

沥粉器：包括软塑料薄膜（传统工艺中用猪膀胱）、线绳、老筒子和粉尖子四部分。老筒子展开呈折扇状，与粉尖子锥角度数相同但高度更长，使用时将二者套接。现在有时用塑料薄膜代替老筒子，套于粉尖子上。使用时将粉浆置于薄膜内，用线束口，用手挤压，使粉浆经过老筒子和粉尖子变成匀细的条状，同时移动沥粉器，使之附着在地仗表面。粉尖子呈圆锥形，用扇形铁皮制作而成，尖端留有小孔。沥大粉时则留两个相同直径的小孔。

4.1.2 材料

古建筑彩画材料主要指绘制彩画所用的颜料，以及由于工艺需要所包括的其他材料，如金箔、纸张、大白粉、滑石粉、胶、光油等，这些统称为彩画的材料①。

古代彩画颜料主要有天然矿物颜料石青、石绿、朱砂等，但简单的几种矿物颜料形成不了丰富的色彩，随着时间推移，人们开始从植物中提取颜料，作为矿物颜料的辅助颜料，用以实现建筑物的

丰富多彩。随着社会的发展，矿物颜料的用量加大，至鸦片战争后，西洋化工颜料逐步进入中国市场，常见的如"鸡牌绿""巴黎绿"。颜料按使用频率分大色和小色，为缩减成本，多数小色是由大色调配而成的。常用大色：天大青、大绿、洋青（群青）、洋绿、定粉、朱砂、银朱、黑烟子。

青：青即蓝色，种类较多，有石青、天大青、梅花青、佛头青（群青）等，现用得较多是法国蓝，匠师一般叫群青。

绿：石绿、大绿、锅巴绿、洋绿（"鸡牌绿""巴黎绿"）。

定粉：彩画中的白色颜料，早期的为铅粉（官粉、定粉）、蛤粉（贝壳粉）、白土（土坯墙的老土，经过专门发制）。

朱砂、银朱：红色系，属于名贵中药材。

黑烟子：竹或松木烧制的灰。现用成品墨汁代替。

4.2 衬地做法与材料

4.2.1 衬地的分类与做法

总体而言，河南明清时期木构建筑彩画的衬地主要有四种做法：胶矾水灰青衬地，这是宋代的常见做法；黄土白面衬地，这是山西地区民间做法；还有两种做法，即泼油灰、血料腻子衬地，近似清官式做法[1]。

胶矾水灰青衬地的做法，见《营造法式》"彩画作制度"："彩画之制，先遍衬地，次以草色和粉，分衬所画之物。其衬色上，方步细色或叠晕，或分间剔填。"并说，"衬地之法，凡斗栱梁柱及画壁，皆先以胶水遍刷"，"碾玉装或青绿棱间者，候胶水干，用青淀和茶土刷之"。所用胶水，《营造法式》中没有说明，可能为动物角胶或皮胶。"碾玉装"及"青绿棱间装"，胶水上涂粉层，粉层是将青淀和茶土以1∶2的比例混合而成的。"茶土"为近似白土或近似物质。河南的建筑彩画在应用时基本可分成两步：即涂刷胶矾水、灰青衬地。胶矾水以骨胶，有时也用皮胶，同明矾混合，这种做法也广泛运用于宋代的彩画工艺中。做衬地时，将墨汁和白土混合，制成灰青。此时的墨汁呈现出青灰色，近似宋代的青淀色。

黄土白面衬地，早期用胶矾水，原料基本包括了黄土、胶矾水和白面，俗称"腻子"。将白面与胶矾水混合调制，后加黄土，用胶矾水将木料通刷，然后刮腻子，通常刮二到三次。清晚期则改用桐油，以桐油作调和剂，其余工艺基本类似。

泼油灰衬地，先抄底油，其次视木料之优劣而填缝补腻，再满刮腻子两至三次后打磨平整，最后以灰青衬色。后期的底油多以汁浆代替桐油。

血料腻子衬地，在清代官式做法中一般称为"单披灰"。较为考究的做法是施四道灰，用于檩枋等处。血料腻子衬地的工艺与桐油猪血地仗基本相同，但在细灰完成后一般没有磨生过水与合操的工序，仅以桐油渗底、刮腻后刷"立德粉"，形成白色底子，以利于漏粉打谱。

内檐及其他构件的衬地做法：河南地区披麻做法一般限于檐柱，其他部分基本不披麻。外檐檩枋通常采用四道灰工艺，金柱及内檐梁架相应简化，其余连檐、瓦口、雀替等构件则会进一步简化。

4.2.2 胶矾水的配制[1]

胶矾水除前述衬地之外，还时常用于封护彩画。官式配制无统一规定，因彩画而异。河南的地方做法也没有统一规定，一般依匠人经验而定。通常，胶水用量小于矾水，而且为"热胶冷矾"，即胶水热，矾水冷，混合拌匀。通常做法，矾水为3份明矾配100份水，胶矾水则为100份矾水配15份轻胶水。在施工中，胶水需现熬现用。久置的胶水要重复加热，以防变质。

4.2.3 沥粉材料

沥粉贴金在敦煌的初唐壁画和塑像上已可见到，其后不断发展，但唐宋时期很少用于彩画。清代初期，沥粉原料基本为香灰、绿豆面。到了清代晚期，则多用大白粉、土粉子和滑石粉。河南地区，不用香灰、绿豆面。早期多使用大白粉、土粉子，同时也用胶泥；后期则以滑石粉为主。调配沥粉而使用的胶，在早期基本上为水胶，而基于便利和成

①张昕.山西风土建筑彩画研究[D].上海：同济大学，2007.

本的考虑，目前普遍改用乳胶。各地匠师基于不同的传承，还会适量增加一些辅助性的材料[①]。

4.2.4 金箔

河南建筑彩画所用贴金技术，材料均为金箔，有库金、赤金两种。库金含金约98%，赤金75%。早期，金箔三寸（1寸≈3.33厘米）三见方，后期则三寸见方。

4.2.5 金胶油

贴金时，需用黏合剂粘贴，即金胶油，清《工程做法》称其为贴金油。一般将一份生桐油，一份苏子油，有时也用豆油，同时加入2%土籽，1%的白铅粉，炒熟去湿后一起熬制。金胶油贴金一般用于不太重要的部位。另外，还发现用清漆贴金的工艺[①]。

4.2.6 颜料调制

传统工艺中，颜料调制是一个复杂的过程。目前，由于大量化工颜料的使用，颜料的调制工作变得简化了，将颜料干粉与胶水以适当比例混合即可，而具体的比例则因人因地而差异很大。用胶多为水胶和乳胶，早期也使用鳔胶。用水胶调制颜色，但比例全凭经验。水胶较为稀释时，比较好画，但干后容易裂细纹。胶的浓度较大时，颜色刷不流利，用时不舒服，容易开裂大缝，所以水胶配比要合适，触摸时没有拈力，干后感觉有黏性。

4.3 工艺程序

通过调查，河南明清时期的建筑彩画基本工艺程序大致上是相似的，按是否起谱子可分作两种，即起谱子做法和无起谱子的做法。

4.3.1 打底子

打底子基本分成三道工序。捉补，即用桐油加白土做成腻子，对构件进行捉补找平。磨生，即用细砂纸打磨，使构件表面光滑平整。过水布，即以水布擦拭，除去浮灰。

4.3.2 衬地

衬地可分作三种情况：①构件满绘时，遍刷一层胶粉；②局部作画时，在拟彩绘部位刷一层胶粉；③如果木表刷油，要预先留出拟绘彩画的部位，将往油（白苏加松香）、熟桐油、雄黄调和在构件表面粉刷。之后，以雄黄加铅白、鱼鳃胶做成胶粉，刷于彩画部位。

4.3.3 打谱子或起画稿

起谱：首先丈量彩画构件的部位、长度，确定中线，依彩画主要轮廓粗画墨线，然后以牛皮纸或高丽纸配纸，并在纸上用墨描好彩画纹样，名为"起谱"。

扎谱：用大针沿着牛皮纸上的墨线打孔，孔距为1至数毫米不等，即为"扎谱"。

拍谱：将谱子中线与构件中线及彩画轮廓对齐、摊实，用深色粉袋拍打，在构件上透出彩画粉迹，即为"拍谱"。然后以墨线按粉印描绘图案。还有一种较简单的做法，名为"印稿"。即在谱纸上涂一层红矾土，之后用木针、骨针或竹针拓印。按拓印画稿勾画墨线，称为"落墨"。

写红墨与号色：拍谱完成后，在贴金的部位，用小刷子蘸红土子写出花纹，即为"写红墨"。画彩处，使用粉笔号色，为方便，颜色均使用一定的代号。

4.3.4 沥粉、焊线或悬塑、粘塑、贴塑

河南地区也称这一过程为立粉或者爬粉，也就是通过手的挤压，把粉浆从沥粉器的粉尖子中挤出，沥于彩画部位上。河南部分地区用焊线方法代替沥粉。焊线，将皮棉纸搓捻软化或类似沥粉线粗细的条状，按图面要求用骨胶粘在需要的位置。

如果不做沥粉、焊线，就采用悬塑（在画面所需处以铁丝做骨架，灰泥塑形，最后填色）、粘塑（类似砖、石、木雕的浮雕形式，雕完之后粘于彩画所需处）、贴塑（一般由土泥塑完形后贴于彩画所需位置，后填色）的工序。但目前还未在河南发现有粘塑遗存，其他遗存均有。

①张昕.山西风土建筑彩画研究[D].上海：同济大学，2007.

4.3.5 刷色

即平涂各种颜色。一般先刷大色，后刷各种小色。

4.3.6 包胶或打金胶

沥粉部位一般还要贴金。贴金之前，要事先包一道黄胶，将粉条全部包起。其目的有二：一为衬托贴金，即"养益金色"；二为与底色加以区别，以保证不会遗漏贴金。

4.3.7 打金胶、贴金

打金胶油表面要光亮、饱满，均匀一致，到位，整齐。当金胶将干未干时，开始贴金。

4.3.8 拉白、压黑、描金

颜色绘完后，要检查图案，开始拉白线、压黑老或者描金线。画时力求直线刚挺、曲线圆润，从而使图案生动突出。

4.3.9 找补

全部描画完毕后，还要检查彩画各部位，如有不匀、遗漏或者不净之处，就要以原色补正。

4.3.10 罩胶矾水

候干期间，在彩画表面，遍刷一次稀薄的胶矾水，以防止潮湿、腐蚀。胶矾水干后会形成一层薄膜，既能保护彩画，又能增强彩画的艺术效果。

这里，我们以明代的沁阳北大寺和清早期洛阳山陕会馆为例再予以说明。

沁阳北大寺的夏殿为无谱子直接作画，无退晕。基本程序为：①将石膏加桐油（加少量水）调和填平木缝，反复打磨平整；②以油灰处理木材，打磨光滑，直至见木色，不做地仗层；③梁架上裹包袱以墨线直接定出边棱，绘出包袱内花卉图案。过厅为无谱子直接作画，无退晕。基本程序为：①将石膏加桐油（加少量水）调和填平木缝，反复打磨平整；②以油灰处理木材，打磨光滑直至见木色，不做地仗层；③朱砂遍刷，以土黄色绘出木纹线，画出木纹年轮心；④梁架上裹包袱以墨线直接定出边棱，绘出包袱内花卉图案；⑤画出松木年轮内动物纹样。前拜殿无地仗，局部为有谱子作画，沥粉贴金，局部退晕。基本程序为：①将石膏加桐油（加少量水）调和填平木缝，反复打磨平整；②以油灰处理木材，打磨光滑直至见木色，不做地仗层；③根据图样尺寸的长宽用墨线在构件之上直接定出分段打稿；④方心内纹饰用拍谱子方法直接打谱子出方心纹饰线后沥粉线；⑤图案需填色处直接填色；⑥点金处贴金；⑦找头退晕。后拜殿无地仗，局部为有谱子作画，沥粉贴两色金，局部退晕。基本程序为：①将石膏加桐油（加少量水）调和填平木缝，反复打磨平整；②以油灰处理木材，打磨光滑平整直至见木色，不做地仗层；③根据图样的长宽尺寸用墨线在构件之上直接分段打稿；④方心内纹饰用拍谱子方法直接打出方心纹饰线后沥粉线；⑤找头图案需填色处直接填色，方心图案根据位置贴两色金；⑥找头、方心棱线局部退晕。

洛阳山陕会馆山门彩画为单批灰地仗，基本程序为：①石膏加桐油（加少量水）调和填平木缝，反复打磨平整；②以油灰处理木材，打磨光滑平整；③直接定出边棱，绘出包袱内花卉图案。天花梁及天花有一麻五灰地仗层，从现状调查和分析看，是有谱子作画，具体绘制工艺应是无麻层的单批灰地仗。

第五章·比较研究

◎ 与明清时期官式彩画的对比研究

◎ 与河南周边地区明清彩画的对比研究

◎ 与江南地区明清彩画的对比研究

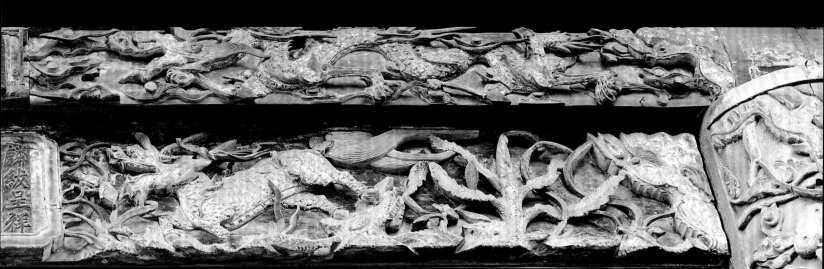

第五章 · 比较研究

5.1 与明清时期官式彩画的对比研究

从彩画性质上看，中国古代彩画大致可分为官式彩画和地方彩画。河南遗存古建筑地方特点显著，其建筑结构特点和建筑手法以及构件的名称称谓与同时期的官式建筑区别很大（图5-1、图5-2）。

《河南明清地方建筑与官式建筑的异同》中对官式建筑和地方建筑有明确定义[①]。官式建筑，就是指明清时期的北京、承德等地，严格按照朝廷颁布的《工程做法则例》的技术规定而营建的建筑。

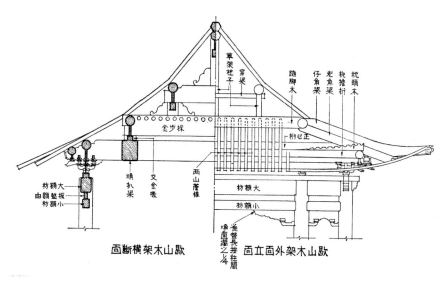

图 5-1 清官式歇山横剖

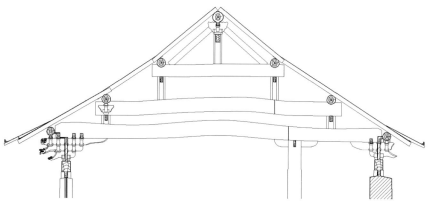

图 5-2 大明寺后佛殿明间横剖面

① 杨焕成.河南明清地方建筑与官式建筑的异同[C]//杨焕成古建筑文集.北京：文物出版社，2009：203-211.

与此相对应，在其他一些省份，如山东、山西、陕西、河北、湖北、安徽、江苏及我国西部的甘肃省大部分地区的明清建筑，多为地方建筑手法，与河南地方建筑手法相同或相近[1]。河南遗存彩画，同河南古建筑一样，与现在通常所说的清官式彩画和苏式彩画区别较大，风格自成。杨焕成先生在1984年发表的《绚丽多彩的河南古建艺术》一文中曾将其命名为中原彩画[2]。由于业界仍没有对河南古建筑彩画有一明确的称谓，为区别官式彩画和苏式彩画，本文延称河南古建筑彩画为"中原彩画"。

5.1.1 明代

本书调查的明代彩画沁阳北大寺前、后拜殿和阳台宫大罗三境殿的旋子彩画，与其同时期的官式彩画有许多相同之处，但也有其自身特点。

在构图上，中原彩画保持着明代官式旋子彩画的三段式，方心长大于或接近构件长的1/2，方心长度大于找头，其比在1：1.3~1.5间的结构特点（图5-3、图5-4）。有较宽副箍头，方心头形式呈宝剑头形或多折内颔（图5-5），银锭十字别盒子或四合云（图5-6至图5-8）。在图案上，中原彩画旋子特点最为突出，花型非正圆形而呈长桃形，花型饱满，旋花瓣呈凤翅状，有包瓣，同时使用涡形旋花（图5-9、图5-10）。旋花心（旋眼）

① 杨焕成.试论明清建筑斗拱的地方特征[C]//杨焕成古建筑文集.北京：文物出版社，2009：241-267.

② 杨焕成.绚丽多彩的河南古代建筑艺术[C]//杨焕成古建筑文集.北京：文物出版社，2009：345-351.

图5-3 沁阳北大寺后拜殿

图5-4 沁阳北大寺后拜殿前外檐平板枋大额枋

图5-5 多折方心头

图5-6 银锭十字别盒子传拓

图5-7 银锭十字别盒子

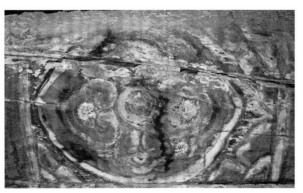

图5-8 四合云盒子

莲座上置石榴头或如意头，莲座为红色（图5-11）。方心内纹饰多为西番莲。在用色上，中原彩画的青色接近黑色，红色使用较多（图5-12）。施工工艺则基本为靠骨灰或单批灰直接绘制，无麻灰地仗（图5-13至图5-15）。

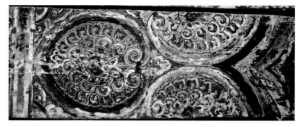

图5-9 一整两破旋花

图5-10 整旋传拓

图5-11 旋花用色

图5-12 梁架方心纹饰颜色

图5-13 瞿昙寺隆国殿后稍间平板枋大额枋彩画

图5-14 瞿昙寺大鼓楼额枋

图5-15 智化寺如来殿天花梁

表5.1 明代河南地区与官式彩画比较

名称	结构（盒子/箍头/方心）	图案	用色	工艺
官式	方心长接近构件长的1/2、方心头内弧或呈宝剑头形，盒子为十字别、四合云，副箍头较宽	旋花呈长桃形，旋心莲座上放如意，旋瓣多，旋瓣形、凤翅瓣	青色接近黑色，旋眼点红	麻灰地仗，有谱子绘制
河南	方心长大于或接近构件长的1/2、呈宝剑头形、或多折内颤盒子十字别、四合云，副箍头较宽	旋花呈长桃形，旋花心（旋眼）莲座上置石榴头或如意，旋瓣多，旋瓣凤翅瓣与涡旋瓣相间使用	青色接近黑色，旋眼点红或贴金	靠骨灰或单批灰，较少使用谱子

5.1.2 清代

河南遗存清代旋子彩画与北京地区清官式彩画同样具有一致性和不同性。有诸多先生及同行对清官式彩画有过总结。

北京地区清官式旋子彩画等级类别有十种或九种[①]之多，且使用等级森严，少有僭越。而河南遗存旋子彩画等级类别较少，仅能从用金量的多少来区分等级的高低，等级高低和使用者或建筑的性质无关，而是和当时绘制彩画的财力相关。

在构图上，河南遗存旋子彩画延续着明代彩画的结构特点，方心大于找头，北京地区官式彩画则是程式化的三等分，即找头方心比为1:1。清早中期的方心头形式依然较多承袭明代宝剑头形和多折内顿形。北京地区的清代官式旋子彩画的方心头内缘则呈尖桃形。到了清晚期，河南遗存旋子彩画方心头有接近清官式晚期的方心头的一波两折内扣外弧形。官式常见箍头部位为联珠带箍头，主体纹饰多样，河南地区则为如意或莲瓣纹，主题纹饰多为回纹、扯不断、工字纹。

在图案纹饰上，河南遗存彩画的找头旋子旋花不单纯是涡旋状，有花瓣形，有两片花瓣相互咬合成组排列。方心内纹饰丰富，牡丹最为常见，其他不仅有龙、凤、麒麟，到了清晚期方心内还出现了西洋人物头像、杂技人物故事等。而清官式彩画方心纹饰受规制制约，龙纹不是任何建筑都可以使用的。官式旋子彩画内基本无其他类别彩画出现，而河南遗存彩画，往往一座建筑有多种梁架旋子彩画。檩枋则同时出现松木纹，或与海墁彩画同时使用，不是单纯的旋子彩画。嘉应观天花彩画，框架结构采用与官式相同的方鼓子和圆鼓子形式，岔角、云纹基本采用官式形式。圆鼓子内的凤纹尾巴采用裁剪式，与官式的裸露的做法不同。

用色上，清官式彩画以青、绿为主，脊檩用青色定位，青为最高级别，而河南遗存彩画是以青、绿、红为主，无上青下绿等级定位之分，较为随意。嘉应观设色与清早期官式一致，即青、绿、香、朱四色，色泽配置小有不同。官式岔角云纹为青、绿相间连续使用，嘉应观岔角云纹颜色对角相同，即对角线上的云纹均使用同一种颜色。嘉应观圆鼓子采用朱色，与官式一致。

施工工艺工序：清官式彩画在绘制前要对木骨先做麻灰地仗层，而河南遗存彩画仅对木骨做靠骨灰或三道灰。清官式彩画有制谱子和拍谱子，河南遗存彩画较少使用拍谱子。嘉应观长流水画法采取明代官式常见的退晕做法。

周口关帝庙采用"中原地方建筑手法"营建，其建筑彩画兼具官式、地方彩画特征，并融合外来绘画元素。这里，再以其为例，与官式建筑作进一步比较[②]。

营造手法：首先，在同一构件上综合运用沥粉贴金、着色渲染和拶退三种做法。多种手法融合在同一构建中是清官式彩画所没有的，而着色渲染也是清官式所没有的。在清官式做法中，同一构件仅使用单一工艺手法，以求统一。从精致程度看，中原彩画亦不亚于清代官式彩画。如所绘牡丹花简练明确，大量使用中国山水画的晕染技法，使其体现出层位分明的立体感。梁架上所绘制的牡丹花也注意布局，其间距得当，颜色使用时采取对比的手法，相邻两朵颜色绝不相同（图5-17、图5-18）。其次，飨殿五架梁以黄色为地色，此种手法在其他地区较为罕见（图5-19）。盒子图案充分吸收写意画法，注重法度与形神刻画，笔墨运用活泼自如（图5-21）。

构图：第一，配殿和看楼不采用官式三停式

① 张秀芬.元明清官式旋子彩画分析断代[C]//中国文物保护技术协会第六次学术年会论文集.2009：383~393.

② 陈磊.周口关帝庙建筑彩画艺术研究[J].中原文物，2011，4：（89~92）.

表 5.2 清代河南地区与官式彩画比较

名称	结构（盒子/箍头/方心）	图案	用色	工艺
北京地区官式	方心与找头等长，方心内缘线早期呈尖桃形，一波两折内扣外弧形	旋花以圆圈的（涡旋瓣）旋花瓣构成，中期以后减去二、三路瓣"黑老"，路数亦减少，旋花呈模数化、规范化趋势。方心内纹饰等级严明，不能僭越	青绿	麻灰地仗，有谱子绘制
河南	方心长大于或接近构件长度的1/2，呈宝剑头形或多折内顿，晚期兼有一波两折内扣外弧形	旋花瓣不仅有涡旋瓣、花瓣形，还有咬合形组合花瓣。方心内纹饰普遍使用牡丹、龙、凤，至清晚期间有杂耍人物、西洋人物头像、社会生活场景等。同时有松木纹或海墁式等彩画形式并用	青绿红	靠骨灰或三道灰地仗，较少使用谱子

图 5-16 智化寺万佛阁殿天花梁

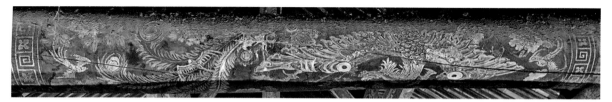

图 5-17 周口关帝庙大殿东次间五架梁次间面

图 5-18 周口关帝庙大殿东次间五架梁稍间面

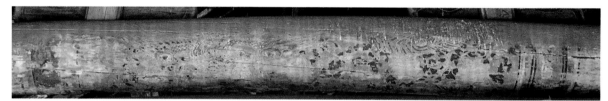

图 5-19 周口关帝庙飨殿明间五架梁

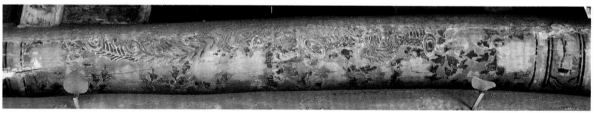

图 5-20 周口关帝庙飨殿次间五架梁

图 5-21 周口关帝庙飨殿五架梁盒子

的构图结构，依构件长短构置。看楼后檐在明间檩枋绘双方心，这在官式手法中从未使用，具有鲜明的地方特色。所绘旋瓣，在用色上也不局限于官式青、绿结合的冷色调，而是加入红色（图5-22、图5-23）。第二，宋锦纹地上套盒子在此时较为常见，所绘锦纹、盒子均不拘一格，不同梁两端却无一重复（图5-24至图5-27）。第三，绘制技法也与官式不同，仅贴木骨，用单层的护灰地仗。一般也不起谱子、拍谱子，匠师在构件上直接画大线，然后装色。继续传统，承袭古制，也是这时期木构建筑彩画的常见特点。如檩部彩画松木纹样的使用。第四，随材就势，根据材势绘制，梁架全部

图 5-22 周口西看楼南次五架梁旋花

图 5-23 周口关帝庙西看楼脊檩旋花

图 5-24 周口关帝庙大殿梁架锦纹地葫芦形盒子花卉

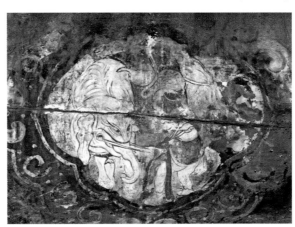

图 5-25 周口关帝庙大殿锦纹地训象盒子

图 5-26 周口西看楼南次五架梁找头盒子锦纹地套山水人物

用原木，不是官式那种规矩用材。中轴线上的建筑，梁上彩画也是因材就势，过渡自然。

等级：河南明清时期木构建筑彩画同官式彩画一样，"有章可循，有据可依，等级分明，不越规制，突出主体"。如中轴线建筑彩画大量用"金"，以用金量的多少来体现建筑等级的高低。中轴线以外建筑，基本上不用金。在用金量和部位上，有规律可循。而且合理变通，灵活"减料"。如中轴线上的建筑，在明间用金较多，因为明间是最被关注的地方，其余则少用或不用。大殿脊檩看面绘制高等级彩画，背面相应降低。

图 5-27 锦纹地套如意盒子套仙桃

①图5-28、图5-29图片引自张昕《晋系风土建筑彩画研究》。

②黄成.明清徽州古建筑彩画艺术研究[D].苏州：苏州大学，2009.

5.2 与河南周边地区明清彩画的对比研究

从张昕《晋系风土建筑彩画研究》中，晋系风土彩画名词称谓有着独立叫法，其与河南遗存彩画在纹饰有着更多的关联，在工艺工序上区别较多。

在构图上，晋系风土彩画上、中、下五彩结构构图三段式为多，比例关系差异大（图5-28、图5-29①）。而河南明清时期遗存旋子彩画三段式结构构图模式较为固定，其比例关系一直保持在1∶1.3~1.5间。在池子（方心）头的形式上，有宝剑头式。

在图案纹饰上，晋系风土彩画有牡丹、团花、莲花、软草、龙凤、锦纹以及蝠磬、寿字变体等这些与河南遗存彩画基本一致。河南遗存彩画中的牡丹、锦纹组合较晋系风土彩画胜一筹。

在色彩使用上，晋系风土彩画以青、绿、红、黄、金为主。河南遗存彩画则以青、绿、红为主，兼有黄色；金则是判断彩画等级标准的依据。

在工艺做法上，晋系风土彩画类似《营造法式》衬地做法——胶矾水灰青衬地以及堆金做法。河南遗存明清彩画则没有上述做法。

豫西北济源一带常见灰色地拘黑行粉做法，花卉瓣开细白粉线。而这种做法与永乐宫重阳殿以及曲阜孔府三堂做法接近。

5.3 与江南地区明清彩画的对比研究

根据东南大学陈薇教授对江南地区明代彩画的研究结果，河南地区明清彩画同江南地区在结构形式、纹饰图案上差异较大，而工艺做法却有更多相似之处。

在构图上，江南彩画多为包袱锦，箍头包袱与地各占三分之一②，图案以锦纹为主，兼沿袭使用有《营造法式》纹饰，偶尔出现僭越的龙纹。下裹式与下搭式包袱较为常见，内纹饰多为锦纹，边框以龙纹、花纹、齿纹等为主。色彩追求淡雅，青、绿间用，用金量的大小没有严格限制。没有麻灰地仗层，有扎、拍谱子工艺程序。（图5-30至图5-34）

河南历史遗存彩画，无论明代还是清代，以旋子方心最为常见，兼有包袱式、仅有箍头的方心式和松木纹式。无论哪种皆为大方，找头方心比

图5-28 山西罗睺寺天王殿梁架

图5-29 山西塔院寺伽蓝殿梁架

图5-30 忠王府檩彩画

图5-31 忠王府梁架彩画

1：1.4~2之间。图案纹饰中牡丹花普遍使用，龙及《营造法式》图案依旧承袭较多，清晚期出现西洋人物头像、杂耍人物故事，社会生活场景均有出现。河南地区包袱多为下裹式，或者下裹呈M形。包袱内纹饰有花卉、锦纹、福寿、万鹤流云等。包袱边框类似掐池子形式，饰回纹、锦纹等（图5-35至图5-37）。工艺工序上同样无麻灰地仗，仅用靠骨灰、或三道灰地仗。在颜色使用上，以青、绿、红为主，金量的多少则是彩画等级的体现。

图5-32 常熟彩衣堂梁架

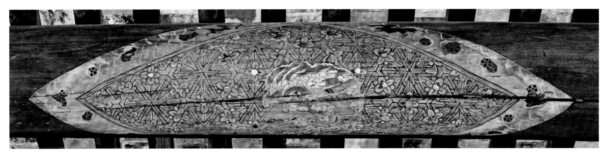

图5-33 常熟彩衣堂檩彩画方心

图5-34 徽州古城杨氏古宅前廊

图5-35 嘉应观中大殿东次间东缝梁西立面南包袱方心

图5-36 嘉应观严殿梁底面包袱方心

图5-37 嘉应观东龙殿明间北缝五架梁包袱方心

第六章·河南明清时期建筑彩画的文化因素分析

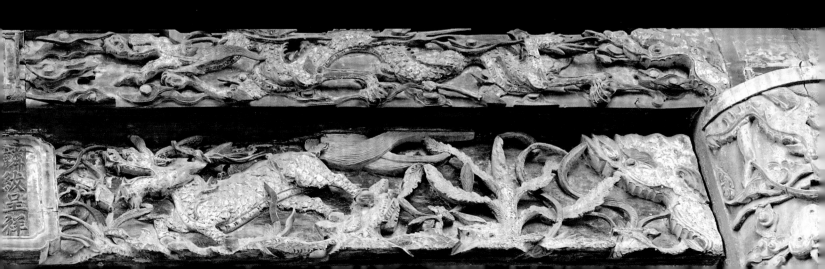

第六章·河南明清时期建筑彩画的文化因素分析

中国古建筑是在本土文化背景下形成的，建筑彩画艺术在我国也有着悠久的历史和卓越的成就，充分反映了中国古建筑的民族风格和社会、公众的文化风俗。河南明清时期木构建筑彩画作为中国古建筑彩画的重要组成部分，在体现了中国古建筑彩画所共同蕴含的文化因素的同时，也有着自身的独特之处。

6.1 "礼"的观念

中国人崇礼，以"礼"为中心的儒家思想在中国古代长期统治了统治的地位。因此，礼制也必然是建筑文化所必须遵循的重要原则，因此彩画也在一定程度上表现出了严格的等级观念。明清两代，建筑的彩画技艺达到顶峰，等级制度也更加详细、严格，反映出儒家礼制思想对中国建筑文化的深刻影响。如沁阳北大寺轴线建筑用金，前拜殿用赤金，而更重要的、用于朝拜的后拜殿用双色金，即库金和赤金（图6-1、图6-2）。周口关帝庙中轴线上用金量高于两侧建筑（图6-3至图6-5），洛阳山陕会馆也是如此（图6-6至图6-12）。武陟嘉应观中轴线上只有体量较大的建筑用金。根据

图 6-1 沁阳北大寺后拜殿次间梁架

图 6-2 沁阳北大寺后拜殿明间梁架

图 6-3 周口关帝庙大殿明间梁架

图 6-4 周口关帝庙大殿次间梁架

图 6-5 周口关帝庙大殿稍间梁架

图 6-6 洛阳山陕会馆拜殿明间梁架

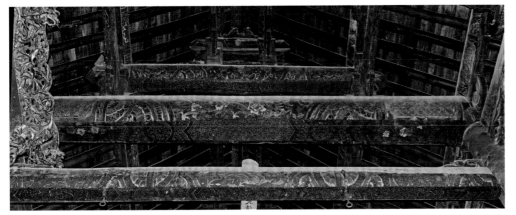

图 6-7 洛阳山陕会馆拜殿次间梁架

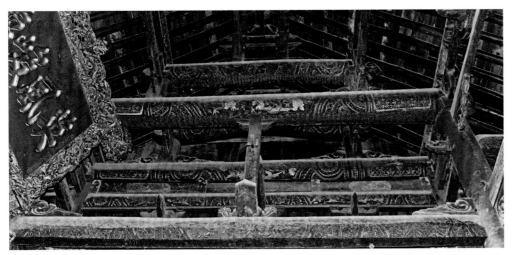

图 6-8 罗阳山陕会馆拜殿东次间东缝西侧梁架

图 6-9 洛阳山陕会馆稍间山面梁架

图 6-10 洛阳大殿明间东缝梁架

图 6-11 洛阳山陕会馆大殿西次东缝西立面梁架

图 6-12 山陕会馆大殿东稍间梁架

调查，大部分建筑的明间用金，而次间或者稍间多不用金，也是为了体现明间的重要性。特别是济源大明寺后佛殿，以后上金檩为界，其前部分彩画为五彩贴金，其后用单色，前后对比强烈（图 6-13、图 6-14）。

图 6-13 济源大明寺明间西缝西立面后檐

图 6-14 济源大明寺后佛殿明间梁架

6.2 吉庆祥瑞的象征

各民族都有追求吉祥、幸福的观念，汉族亦不例外。反映到建筑彩画艺术中，则多通过一些表示吉庆祥瑞的动物、植物等，表达人们对幸福美好生活的追求和向往。龙凤是古建筑彩画的重要题材，二者在古代均有至高无上的地位，龙象征帝王，凤则象征皇后，同时二者都为中国古代的瑞兽，均具祥瑞之意。河南明清时期建筑彩画中还见有麒麟等瑞兽图案（图6-15至图6-17）。

而充分寓意手法，也是河南明清时期建筑彩画的重要特点。如以石榴寓意家族兴旺、儿孙满堂，以松、鹤寓意长生，以牡丹寓意富贵荣华，以鹿、蝙蝠、桃分别寓意禄、福、寿；以莲和鱼的组合表达连年有余、物用不尽，数尾金鱼组合在一起，以表示金玉满堂；以百年和万年青组合，表达"和合万年"等；以蝙蝠、鹿、桃子等，取福禄寿喜之意（图6-18至图6-22）。

图 6-15 龙纹

图 6-16 凤纹

图 6-17 狮纹

图 6-18 翔鹤

图 6-20 仙桃

图 6-19 石榴

图 6-21 锦鲤

图 6-22 莲荷

图案纹样也有特定的寓意：如以盘长象征家族绵延，福寿悠长，回纹代表幸福安康长远不息。其他如寿字、福字等，也是常用于表达吉祥的文字（图 6-23 至图 6-25）。

图 6-23 折搭福字盒子

图 6-24 折搭寿字盒子

图 6-25 松木纹心盘长牡丹

6.3 品格情操的象征

古人崇尚德、贤，追寻高雅的品格和境界，这在河南明清时期建筑彩画中也有反映。如怀帮会馆所绘松、竹、梅，即"岁寒三友"图案，以松树表示坚贞不屈，以竹子表达潇洒脱俗，以梅树表达傲雪凌霜。济源大罗三境殿的栱眼壁绘梅、兰、竹、菊"四君子"，表现出高洁的品质；以莲花表达"出淤泥而不染"的风骨；大明寺绘有僧人对弈、讲经等，反映了僧人恬静的心态（图6-26至图6-29）。

6.4 多子多孙的向往

多子多孙，家庭兴旺，这是中国的传统观念。河南明清时期建筑彩画中见有"和合二仙"，即以荷花、男女孩童为主题。十三帮会馆也绘有男女童子，女童手执荷花，憨态可掬。葡萄亦有多子多孙的寓意。这些，都是古人向往多子多孙、家族兴旺的具体表现和反映（图6-30、图6-31）。

6.5 文学艺术

怀帮会馆山花见有唐代贾岛《寻隐者不遇》、方心见有杜牧的《清明》等诗名。山花绘有人物、花鸟、山水等，描绘了市井百姓的平凡生活。大明寺后佛殿梁架盒子见有《西游记》唐僧师徒四人、白龙马、红孩儿等，表现了《西游记》等古典文学的内容（图6-32至图6-34）。

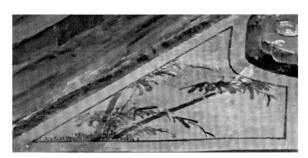

图6-26 竹

图6-27 檩垫板写意花鸟

图6-28 诗书

图6-29 菊石

图6-30 童子

图6-31 葡萄

图6-32 五老论道

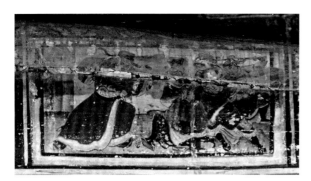

图 6-33 包公审案

图 6-34 唐僧取经

6.6 商业因素

十三帮会馆、山西会馆等有文、武财神，表达了主人对生意兴隆、财源广进的美好希冀。其他有算盘、银票、商号等彩画，也与商业文化密切相关。还见有宝剑、书籍、文房四宝、官帽、烟枪，以及药方、杂耍人物等，集中了反映商人和会馆的生活。十三帮会馆后金檩松木纹心发现有商人交谈的画面（图 6-35 至图 6-40）。

图 6-35 书笔、算盘、宝剑、朝珠、管帽方心

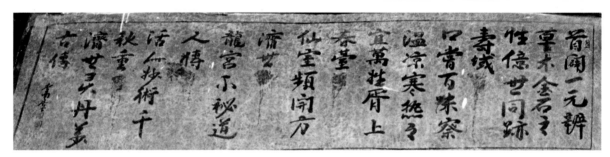

图 6-36 诗词方心

图 6-37 同仁堂恒泰祥号方心

图 6-38 三国志方心

图 6-39 票号方心

图 6-40 票号永泉茂方心

6.7 宗教因素

大明寺后佛殿五架梁、七架梁盒子内基本上为佛教的和尚形象，如达摩等。大罗三境殿栱眼壁上绘有道士坐在龙舟之上，两侧为男、女童子。初祖庵大殿、慈胜寺大雄殿的栱眼壁中，多绘坐佛像。风穴寺中佛殿的栱眼壁内绘护法群像，大明寺后佛殿梁架及栱眼壁上绘佛教故事盒子。阳台宫大罗三境殿栱眼壁中的道教故事、道士群像。北大寺前、后拜殿方心纹饰绘荷花、西番莲、牡丹、灵芝充分表露了伊斯兰的宗教信仰（图 6-41、图 6-42）。

河南明清时期建筑彩画所表达出来的社会风俗、伦理道德、文学修养等，同其他地区的建筑文化一样，也受到了中国传统文化的熏陶和影响。但是，河南建筑彩画受到中原地区独有的一些历史文化影响，也理所当然地呈现出了反映中原地区的风俗和生活的特点，表现出特有的社会历史文化内涵。

图 6-41 如来佛像

图 6-42 乘龙舟

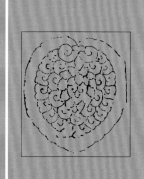

第七章·结语

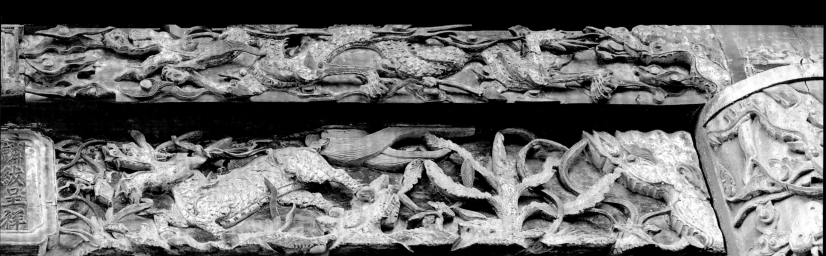

第七章·结 语

彩画是中国古代建筑的重要组成部分。河南明清时期木构建筑彩画分布地域广泛，建筑性质多样，题材广泛，内涵丰富，是研究中国古建筑彩画，尤其是中原地区建筑彩画的重要资料。经初步调查，目前在河南境内有 23 处建筑群、60 多座明清时期单体建筑中保存有彩画。明代所见不多，但清代遗存较多，在佛教、道教、文庙、伊斯兰教建筑中均有发现，个别民居、陵墓建筑中也有保留。

彩画内容与所依附的建筑的使用性质，表现出了一定程度上的关联性。如佛教建筑初祖庵大殿、慈胜寺大雄殿的栱眼壁中，多绘坐佛像；风穴寺中佛殿的栱眼壁内绘护法群像；大明寺后佛殿梁架及栱眼壁上绘佛教故事盒子。这些均从侧面印证了建筑的使用性质。这些建筑都是典型的佛教建筑，所绘的部分内容也具有鲜明的佛教特色。道教建筑如阳台宫大罗三境殿，栱眼壁中绘朝天尊形象、道士群像等具道教文化因素的内容。会馆建筑具有明显的商业作用，怀帮会馆、十三帮会馆梁架盒子中的商行的银票、算盘、招幌、财神等充分显示了建筑的商业用途，以及商人追求财富的心理。伊斯兰教建筑较少，沁阳清真北大寺前、后拜殿方心纹饰有莲花、西番莲、牡丹、灵芝等，发现的阿拉伯文字更是最直接地表现了建筑的宗教属性。民居建筑较少，在宋氏老屋的走马板上绘有家居宴饮、迎宾送客等生活场景，描绘了普通百姓的日常生活。

单体建筑的部位不同，彩画的纹饰结构也不同。在明代，梁架全部是旋子方心式，为方心、两端找头的三段式结构。清代也多为旋子方心式，基本同明代，但见有箍头海墁式。明代木柱，如沁阳北大寺前、后拜殿，柱头为带箍头的盒子，柱身为海墁式。清代柱头为箍头盒子式，柱身为通体油饰。明代，檩和随檩枋被作为一个整体绘制彩画，为旋子方心三段式。清代早期延续明代做法，中期仍以此种形式为主，出现了随檩枋底面带找头的海墁松木纹，晚期这种形式成为主要做法。明代，檩枋为旋子方心三段式。清代早期延续明代做法，中期带找头的海墁松木纹较多，晚期两种形式同时存在。斗栱，明代时坐斗及散斗绘如意纹，栱臂绘锦纹，昂嘴多绘如意纹。栱眼壁绘花卉，多牡丹、荷花、西番莲。清代早期，坐斗为如意纹和莲瓣纹，散斗多为如意纹。栱臂为单色黑缘线。栱眼壁多为牡丹，也见坐佛、道仙等。清代中期，所见不多，坐斗以莲瓣纹为主，少量如意纹，散斗多见如意纹，栱臂基本为锦纹，栱眼壁少见，周口关帝庙大殿内檐以神兽和人物组合。清晚期，坐斗以莲瓣纹居多，少量如意纹，栱臂单色。

河南明清时期建筑彩画的纹饰结构多为旋子方心彩画、松木纹彩画、方心海墁彩画。在色彩构成方面，明代彩画主要颜色为红、青、绿，多为矿物颜料，即青为石青，绿为石绿，红为朱砂或铅丹。清代彩画用色亦以红、青、绿为主。在比例关系方面，明代旋子彩画基本为小找头、大方心。找头与方心比在 1∶1.3~1.5 之间。清代旋子彩画找头与方心比有所变化，基本在 1∶1.15~1.3 之间。同时，河南明清时期彩画在方心头、方心纹饰、旋花等方面，也体现出了一定的时代特征。明代方心头内顅，呈宝剑头形及多折内顅。清早中期呈宝剑头形较多，也有海棠盒子状。清晚期呈海棠盒子状，宝剑头外加花瓣及三折内顅。明代方心多为花卉、牡丹、西番莲、莲花、灵芝。清早期为龙纹牡丹，清中晚期方心为龙钻牡丹、凤钻牡丹，清末民国初多西番莲、锦纹方心。旋花造型方面，由明代长（椭圆形）桃形、"多路数"、多花瓣逐步向清代的较为圆形或正圆形、"少路数"、少花瓣的形式演变。明代副箍头绘适合花卉，到了清代，演变为单色条带。明代时箍头为单色无退晕，清代，则以回纹及两侧对称的如意纹或莲瓣组合为多见形式，清晚期则以仰覆莲瓣纹占多数，清中期偶见有牡丹蝴蝶交替连续组合形式。

河南明清时期建筑彩画具有鲜明的艺术特色。彩画配置上重点突出，强调重要的中轴线建筑，前后、左右层次分明。遵循结构逻辑，但又不完全受其制约，突破檩、垫、枋等建筑构件的界限，彩画立体感、透视感强烈。绘画手法轻快，画面丰美，以彩画内容体现建筑性质和功能。在内容和技法上，兼容并蓄，大胆创新，色彩凝重端庄，线条疏朗流畅。彩画内容联系、适应周围环境，根据建筑体量、形式的不同，使建筑与环境相互融合，达到建筑艺术与装饰艺术的高度统一。

河南明清时期建筑彩画工具与官式彩画工具无异，主要包括绘画工具，如毛笔、油漆鬃刷、排刷、界尺等。贴金工具常用金夹子、大白粉、棉花等。盛放用具多为饭碗。沥粉器由软塑料薄膜（传统用猪膀胱）、线绳、老筒子和粉尖子四部分组成的。所用颜料，明代以天然矿物颜料石青、石绿、朱砂等为主，其后，又从植物中提取颜料，作为矿物颜料的辅助颜料。清中期以后，出现西洋化工颜料。其他材料有金箔、纸张、大白粉、滑石粉、胶、光油等。衬地做法主要有四种：胶矾水灰青衬地；黄土白面衬地；泼油灰衬地；血料腻子衬地。沥粉材料，早期多用土粉子和大白粉，同时也用胶泥，后期以滑石粉为主。河南明清时期建筑彩画的基本工艺程序大致上是相似的，包括了打底子、衬地、打谱子或起画稿、刷色、包胶或打金胶、贴金、拉白、压黑、描金、找补、罩胶矾水等程序。

河南明清时期彩画与同时期的官式建筑、晋系风土彩画、江南地区彩画之间，既有共性和联系，也有不同和区别。官式建筑，方心长接近构件的 1/2、方心头内弧或呈宝剑头形，盒子为十字别、四合云等，副箍头较宽。河南明代木构建筑彩画，方心长大于或接近构件的 1/2，方心头呈宝剑头形或多折内顅，盒子为十字别、四合云，副箍头较宽。官式旋花呈长桃形，旋心莲座上放如意，旋瓣多，旋瓣形凤翅瓣。河南地区旋花呈长桃形，旋花心（旋眼）莲座上置石榴头或如意，旋瓣多，旋瓣凤翅瓣与涡旋瓣相间使用。官式青色接近黑色，旋眼点红，河南地区青色接近黑色，旋眼点红或贴金。官式工艺为麻灰地仗，有谱子绘制；河南地区靠骨灰或三道灰，较少使用谱子。晋系彩画上、中、下五彩结构构图三段式为多，比例关系差异大。河南地区旋子彩画三段式结构模式较为固定，比例关系保持在 1∶1.3~1.5 间。晋系风土彩画所绘牡丹、团花、莲花、软草、龙凤、锦纹以及蝠磬、寿字变体等这些与河南遗存彩画基本一致。晋系风土彩画青、绿、红、黄、金为主，河南地区则以青、绿、红为主，兼有黄色。江南彩画多为包袱锦构图，箍头包袱与衬地各占三分之一，图案以锦纹为主。色彩淡雅，青、绿间用，用金量没有严格限制。没有麻灰地仗层，有扎、拍谱子工艺程序。河南地区以旋子方心为最，兼有包袱式，找头方心比为 1∶1.4~2 之间。图案纹饰中牡丹普遍使用。工艺上同样无麻灰地仗，仅做骨灰、单批灰或三批灰地仗。颜色以青、绿、红为主，金量大小体现彩画等级。

河南明清时期建筑彩画在一定程度上反映出了中国传统文化和社会风俗。概括而言，它体现出了"礼"的观念，并可作为吉庆祥瑞的象征、品格情操的象征、家族兴旺的象征，体现出了文学艺术、商业因素、宗教因素等，表现出当时特有的社会历史文化内涵。

附录

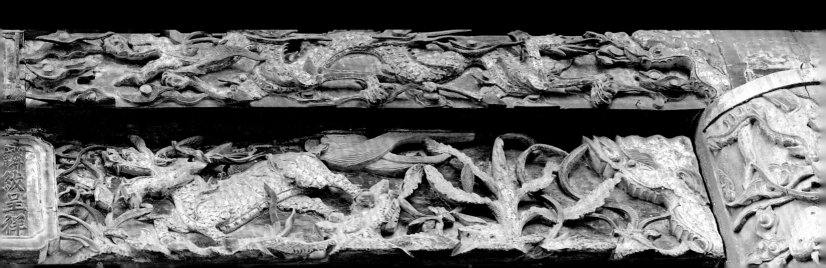

地点	建筑名称	彩画位置	方心头形式	造型特点	表现手法
沁阳北大寺	前拜殿	上金檩		宝剑头形	间色退晕
		上金檩 檩枋底面		宝剑头形	单色无退晕
		三架梁		宝剑头形	单色无退晕
		五架梁			
		七架梁			
	后拜殿	三架梁		宝剑头形	单色无退晕

地点	建筑名称	彩画位置	方心头形式	造型特点	表现手法
沁阳北大寺	后拜殿	五架梁		宝剑头形	单色无退晕
		七架梁			
		前檐次间大额枋		多折内颤	沥粉贴金
		前檐明间大额枋			
		后檐内额平板枋		外凸两折	沥粉贴金
济源二仙庙	紫虚元君殿	后檐下金檩		多折内颤	单色

地点	建筑名称	彩画位置	方心头形式	造型特点	表现手法
济源阳台宫	大罗三境殿	内额平板枋		二折外凸如意形	退晕
		内额大额枋		宝剑头形	退晕
武陟嘉应观	山门	内檐大额枋		多折内颤	白色
		西龙王殿			

地点	建筑名称	彩画位置	方心头形式	造型特点	表现手法
武陟嘉应观	山门	西龙王殿		多折内颤	白色
	炎帝殿	梁底		多折内颤带涡旋纹	绿色
辉县山西会馆	大殿	三架梁方心头		白缘线单退晕，外缘贴近内折外弧，海棠头内缘贴金，内折外弧海棠头外置如意头，兽头形	墨线
		三架梁小方心头			
		七架梁方心头			

地点	建筑名称	彩画位置	方心头形式	造型特点	表现手法
辉县山西会馆	大殿	次间七架梁		白缘线单退晕，外缘贴近内折外弧，海棠头内缘贴金，内折外弧海棠头外置如意头，兽头形	墨线
安阳袁林	景仁堂	天花梁		一波两折	单色退晕
		天花梁随梁枋			
洛阳山陕会馆	戏楼	天花梁		宝剑头形	花锦纹

地点	建筑名称	彩画位置	方心头形式	造型特点	表现手法
洛阳山陕会馆	拜殿	前檐双步梁		多折内颤	单色退晕
		后檐双步梁		宝剑头形	单色退晕
		七架梁随梁		双层方心头，内弧外多折内颤	金色退晕
		七架梁		多折内颤	单色退晕

地点	建筑名称	彩画位置	方心头形式	造型特点	表现手法
洛阳山陕会馆	大殿	七架梁		多折内颤，如意形纹饰点缀	无退晕
周口关帝庙	飨殿	三架梁		双角叶方心头，七架梁低角叶为狮身	单色退晕、青绿间色
		七架梁			

地点	建筑名称	彩画位置	方心头形式	造型特点	表现手法
	缭殿	七架梁		双角叶 方心头，七架梁低 角叶为狮身	单色退晕、青绿 间色
	拜殿	六架梁		神兽吞口形	三退晕
周口关帝庙	炎帝殿	七架梁		三折内颤	单退晕
	西看楼	明间脊檩		多折内颤	单色退晕
		五架梁			
禹州怀帮会馆	大殿	七架梁		一波两折	单色退晕

地点	建筑名称	彩画位置	方心头形式	造型特点	表现手法
禹州十三帮会馆	关帝殿后殿	五架梁		宝剑头，外加花瓣	单退晕
		七架梁		三折内颤、外加花瓣	单色退晕
济源大明寺	后佛殿	三架梁		方心头向外翻转角叶＋两折外弧	外缘退晕里边线贴金
		五架梁		方心头呈钝角〕形，三折	内缘线贴金，退单晕
		东次间五架梁		单弧形	内缘线贴金，退单晕

地点	建筑名称	彩画位置	方心头形式	造型特点	表现手法
济源大明寺	后佛殿	七架梁		宝剑头形	内缘线贴金，退双晕
		西次间西缝七架梁		"｛"形	内缘线贴金，退单晕
		西次间上金檩		翻转弧多折	内缘黑线，刷单色边框
		东次间上金檩		多折外弧	内缘线贴金，退单晕

附录 B 盒子（聚锦）形式

地点	建筑名称	位置	盒子（聚锦）类型	造型特点	表现手法
沁阳北大寺	前拜殿	脊檩		六出琐纹	点金无沥粉
		上金檩		四合如意	点金无沥粉
		上金檩檩枋		八出琐纹	点金无沥粉
		下金檩		十字别、凤翅瓣	无金单色
		内檐大额枋		轱辘锦纹	沥粉点金
		七架梁		八出琐纹	点金

地点	建筑名称	位置	盒子（聚锦）类型	造型特点	表现手法
沁阳北大寺	后拜殿	脊檩		十字别、凤翅瓣	墨线、单色
		明间后檐上金檩		十字别、翅瓣	红地、墨线、单色
		明间后檐下金檩		花瓣、相对涡旋瓣	墨线
		前檐挑檐檩		银锭十字心、凤翅瓣	墨线、单色
		七架梁外盒子		银锭十字别、内涡旋外凤翅瓣	墨线、单色
		后檐上金檩随		席锦纹	墨线、单色

地点	建筑名称	位置	盒子（聚锦）类型	造型特点	表现手法
沁阳北大寺	后拜殿	内额平板枋内		八出琐纹	沥粉、点金
		内额大额枋		银锭十字别凤翅瓣	沥粉、点金
		内额平板枋外		连荷花	沥粉、点金
		金瓜柱		十字别、凤翅瓣	墨线、无沥粉、无贴金
		明间下金瓜柱		阴阳鱼心，内路圆八瓣，外路涡旋瓣	内路红色，外路黑色缘线
		次间脊瓜柱		十字心套银锭，外路凤翅瓣形	黑色缘线

地点	建筑名称	位置	盒子（聚锦）类型	造型特点	表现手法
洛阳山陕会馆	拜殿	明间七架梁东		连环	退晕、点金
		明间七架梁西		六出琐纹	退晕点金
		西次间七架梁		四出琐纹	退晕点金
		东次间七架梁		六出琐纹	退晕点金
		稍间七架梁		八出琐纹	退晕点金
		明间前单步梁		绶带如意	花卉锦纹地沥粉贴金
		明间后单步梁		绶带花卉	花卉锦纹地沥粉贴金
	大殿	明间七架梁北		笛子、仙童、香炉	局部点金
		明间七架梁南		烟云筒、花瓶、博古	七退晕烟云筒、点金

地点	建筑名称	位置	盒子（聚锦）类型	造型特点	表现手法
洛阳山陕会馆	大殿	明间五架梁		花卉锦纹、寿字	沥粉、贴金
				蝙蝠、寿字	局部贴金
温县慈胜寺	大雄宝殿	脊檩		四出连环	单色退晕
济源二仙庙	紫虚殿	五架梁		六出龟纹地、圆形适合花卉	单色
济源阳台宫	大罗三清殿	内额平板枋		四合如意纹、外加旋瓣	盒子轮廓退白晕

地点	建筑名称	位置	盒子（聚锦）类型	造型特点	表现手法
济源阳台宫	大罗三清殿	内额平板枋		四出锦纹地、圆形盒子、山水界画	圆盒子白色退晕
				簟纹	白色退晕
周口关帝庙	西看楼	五架梁		锦纹地上置渔樵耕读人物盒子	白色退晕
		明间南侧三架		国画人物	白色地

地点	建筑名称	位置	盒子（聚锦）类型	造型特点	表现手法
周口关帝庙	绘殿	西次间五架梁外盒子		花卉锦纹地上置花鸟	锦纹地、花卉图案化、花鸟写意化
		西次间五架梁内盒子		戏曲人物	黄地、写意人物、上下盒子边框退晕
		明间五架梁内盒子		道教人物	泥金地、写意人物、上下盒子边框退晕
	大殿	明间七架梁		人物	泥金地、写意人物、盒子三退晕

地点	建筑名称	位置	盒子（聚锦）类型	造型特点	表现手法
周口关帝庙	大殿	明间五架梁		花卉锦纹地上置苹果形内盒子	泥金地、写意花卉
		次间五架梁		起尖海棠形内盒子佛手果蔬	泥金地、佛手正倒置
周口关帝庙	大殿	次间五架梁		图案化花卉地、盖碗、花卉牡丹	泥金地、写意花卉
				图案化花卉地、茶壶、腊梅花	泥金地、写意腊梅
				图案化花卉地、器皿、花卉牡丹	泥金地、写意牡丹
				花锦地、葡萄	泥金地、写意葡萄

地点	建筑名称	位置	盒子（聚锦）类型	造型特点	表现手法
周口关帝庙	大殿	梢间五架梁		图案化花卉地、葫芦、花卉牡丹	黄色地、写意牡丹
		次间五架梁		图案化花卉地、书卷、花卉牡丹、荷花	泥金地、写意牡丹
		稍间五架梁		花锦地、石榴	泥金地、写生石榴
济源大明寺	后佛殿	明间东缝五架梁南		弥勒佛	绿地套盒子
		明间东缝七架梁南		释迦牟尼	锦纹上置盒子
				唐僧师徒	绿地套盒子

地点	建筑名称	位置	盒子（聚锦）类型	造型特点	表现手法
济源大明寺	后佛殿	明间西缝 五架梁南		打磨佛祖	绿地套盒子
				天神	红地云气纹
		明间西缝 五架梁北		扇面斗鸡图	锦纹地、单色
				神话人物	锦纹地套人物
		西次间东缝 五架梁南		佛教人物	锦纹地套人物
				神话人物	人物

地点	建筑名称	位置	盒子（聚锦）类型	造型特点	表现手法
济源大明寺	后佛殿	明间西缝七架梁北		云团、花鸟	锦纹地云团、单色
				屋木山水人物	中国写意画法
				佛教人物	写意
		明前檐下金檩		屋木山水人物	中国写意画法
辉县山西会馆	大殿	七架梁外盒子		凤翅瓣花瓣	单退晕
		七架梁内盒子		荷花	青地、写生花卉
		七架梁		麒麟送喜	五彩点金、外缘拉白粉

地点	建筑名称	位置	盒子（聚锦）类型	造型特点	表现手法
辉县山西会馆	大殿	五架梁		莲花	莲花图案化、退晕
安阳袁林	景仁堂	天花梁		菱形栀花	栀花拉白粉
		挑檐檩内盒子		勋章	沥粉、贴金
		挑檐檩外盒子		灵芝	沥粉、贴金
		外檐大额枋		禾穗	沥粉、贴金
禹州十三帮会馆	关帝前殿	西山面四架梁南		西洋人物和建筑	西洋透视画法、退晕
		西山面四架梁北		中国戏曲人物	舞台装、退晕
		东山面四架梁北		中国戏曲人物	舞台装

地点	建筑名称	位置	盒子（聚锦）类型	造型特点	表现手法
禹州十三帮会馆	关帝前殿	明间西缝四架梁南		鱼、烟云筒	三退晕烟云筒、中国画晕染
		明间西缝四架梁北		烟云筒	三退晕烟云筒
		明间西缝六架梁		琐纹	墨线、退单晕
				中国戏曲故事	舞台人物
		次间瓜柱		杂耍童子	晕染

地点	建筑名称	位置	盒子（聚锦）类型		造型特点	表现手法
禹州十三帮会馆	关帝前殿	明间金瓜柱			头像	晕染
					带冠官员头像	晕染
		次间金瓜柱			杂技人物	晕染
					人物	晕染
					杂耍童子	晕染

地点	建筑名称	位置	盒子（聚锦）类型		造型特点	表现手法
禹州十三帮会馆	关帝后殿	次间金瓜柱			花鸟，树、屋风景	晕染、写意
		明间东缝五架梁北			红发碧眼传教士	透视、晕染
		明间东缝七架梁北			中国神话人物	晕染、人物故事
		明间东缝七架梁			红顶官帽、扇面、银票	写生
		东山七架梁北			菊花、猫戏、假山	写生、晕染
		明间西缝五架梁南			喜鹊、腊梅	写意、晕染、边框退晕
		明间西缝七架梁南			花卉	图案化

地点	建筑名称	位置	盒子（聚锦）类型	造型特点	表现手法
禹州十三帮会馆	关帝后殿	西山七架梁南		人物	民间故事
		明间东缝五架梁南		人物	民间故事、写意、晕染
		西山五架梁南		人物、山水	民间故事、写意、晕染
		明间东缝七架梁北		花卉	适合图案化、白色退晕
		后檐柱头		花卉	写生
	关帝前殿	后檐柱头		道教人物——财神	神话人物、局部沥粉及贴金

地点	建筑名称	位置	盒子（聚锦）类型	造型特点	表现手法
禹州十三帮会馆	关帝前殿	后檐柱头		道教人物——财神	神话人物、局部沥粉及贴金
禹州怀帮会馆	大殿	西次东缝七架梁南		"福"字	书法形式
襄城宋氏老宅	过堂（厅）	明间西缝七架梁南		锦纹地套矩盒子、人物	盒子退单晕、人物写意
				圆盒子、山水风景	盒子退单晕、焊线贴金、写意、晕染
		明间西缝七架梁北		花卉锦地、圆盒子、山水风景	盒子退单晕、焊线贴金、写意、晕染

地点	建筑名称	位置	盒子（聚锦）类型	造型特点	表现手法
襄城宋氏老宅	过堂（厅）	明间东缝 七架梁北		风景人物	晕染、写意
				圆盒子、屋木风景	晕染、写意、 焊线贴金
		明间西缝七架梁 随梁枋南		琐纹	间色
		明间东缝七架梁 随梁枋北		锦纹	间色

地点	建筑名称	位置	旋花（找头）类型	造型特点	表现手法
沁阳北大寺	前拜殿	明间脊檩		长桃形，旋心三瓣莲＋石榴头，涡旋瓣与凤翅瓣结合	白色攒退
		次间脊檩		长桃形，旋心三瓣莲＋如意，涡旋瓣与凤翅瓣结合	局部点金，白色攒退
		后檐上金檩西立面		长桃形，旋心三瓣莲＋如意，涡旋旋瓣	白色攒退
		次间三架梁		长桃形，旋心三瓣莲＋如意，涡旋瓣与凤翅瓣结合	白色攒退
		明间五架梁		长桃形，旋心三瓣莲＋如意，涡旋瓣与凤翅瓣结合	白色攒退

地点	建筑名称	位置	旋花（找头）类型	造型特点	表现手法
沁阳北大寺	前拜殿	脊檩檩枋底面		长桃形，旋心三瓣莲＋如意，涡旋瓣	白色攒退
		脊檩檩枋底加一路		如意忍冬草	单色、花心点金，白色攒退
	后拜殿	五架梁		长桃形，旋心三瓣莲＋如意，涡旋瓣与凤翅瓣相间使用	白色攒退
		五架梁旋花加一路		如意忍冬草	墨线轮廓
		上金檩		旋心三瓣莲＋如意，涡旋瓣与凤翅瓣相间使用	白色攒退
沁阳清真寺	后拜殿	金檩枋底		旋心三瓣莲＋如意，涡旋瓣与凤翅瓣相间使用	白色攒退，旋心点金
		后内额大额枋		旋心三瓣莲＋如意，涡旋瓣与凤翅瓣相间使用	沥粉、旋心贴金、单色退晕

地点	建筑名称	位置	旋花（找头）类型	造型特点	表现手法
沁阳清真寺	后拜殿	前檐平板枋		旋心三瓣莲＋如意，涡旋瓣与凤翅瓣相间使用	沥粉、旋心贴金
		前平板枋旋花加一路		如意忍冬草	沥粉、旋心贴金，如意头沥双粉线
		前檐大额枋		旋心三瓣莲＋如意，涡旋瓣与凤翅瓣相间使用	沥粉、旋心贴金
		前檐大额枋旋花加一路		如意忍冬草	沥粉、旋心贴金，如意头沥双粉线
洛阳山陕会馆	戏楼	明间天花梁		花瓣形旋心，头路咬合花瓣旋瓣	整旋外缘沥粉、退晕
	拜殿	明间五架梁		咬合形与花瓣形旋瓣	
		明间七架梁		花瓣形、涡旋形旋瓣	局部贴金、攒退

地点	建筑名称	位置	旋花（找头）类型	造型特点	表现手法
洛阳山陕会馆	大殿	明间三架梁		花瓣形、涡旋形旋瓣	局部贴金、攒退
		明间五架梁		涡旋花瓣、咬合涡旋、涡旋瓣	
		明间七架梁南端		咬合形及花瓣形旋瓣	
		明间七架梁北端		花瓣形、涡旋形、如意形组合	
		东山五架梁		花瓣形、咬合形、涡旋形	
汝州风穴寺	地藏殿	三架梁		涡旋状、花瓣状旋瓣	外缘退晕
温县慈胜寺	天王殿	三椽栿			
济源二仙庙	紫虚元君殿	五架梁		凤翅状、花瓣状旋瓣	单色、墨线
周口关帝庙	西看楼	明间脊檩		如意旋眼、花瓣和涡旋瓣	

地点	建筑名称	位置	旋花（找头）类型	造型特点	表现手法
周口关帝庙	西看楼	南次五架梁		如意旋眼，花瓣、凤翅及涡旋旋瓣	单色、墨线
		脊檩枋底		花朵旋眼，花瓣和凤翅瓣旋瓣	
	东看楼	脊檩枋底		花朵旋眼，花瓣和凤翅瓣旋瓣	
济源阳台宫	大罗三境殿	次间内额平板枋		长桃形，花瓣及凤翅瓣旋瓣	拶退
		明间内额平板枋		长桃形，花瓣及凤翅瓣旋瓣	
武陟嘉应观	山门	内檐平板枋		长如意形，花瓣及如意瓣旋瓣	墨线，拶退
	中大殿	天花梁		长如意形，花朵形旋眼、花瓣及如意瓣旋瓣	

地点	建筑名称	位置	旋花（找头）类型	造型特点	表现手法
武陟嘉应观	中大殿	承椽枋		长如意形	沥粉、贴金
	东龙王殿	次间五架梁		半圆形，花朵形旋眼，花瓣及凤翅瓣旋瓣	墨线、拶退
		平板枋		如意形旋眼，花瓣及如意瓣旋瓣	墨线，拶退
	东龙殿	下金檩枋		如意形旋眼，花瓣及如意瓣旋瓣	墨线，拶退
	西龙王殿	明间五架梁		花朵形旋眼，花瓣及涡旋瓣旋瓣	墨线，拶退
		明间随梁枋		花朵形旋眼，花瓣及涡旋瓣旋瓣	墨线，拶退
禹州怀帮会馆	关帝前殿	明间六架梁		涡旋旋瓣	墨线

地点	建筑名称	位置	旋花（找头）类型	造型特点	表现手法
禹州怀帮会馆	关帝前殿	明间四架梁		花瓣及涡旋旋瓣	墨线
		次间六架梁		涡旋旋瓣	
	关帝后殿	明间七架梁		花瓣及涡旋旋瓣	
禹州十三帮会馆	关帝后殿	明间五架梁		涡旋及花瓣旋瓣	拶退
禹州怀帮会馆	大殿	次间七架梁		花瓣及涡旋旋瓣	
襄城宋氏老宅	过厅	五架梁		花瓣及咬合花朵旋瓣	

地点	建筑名称	位置	旋花（找头）类型	造型特点	表现手法
襄城宋氏老宅	过厅	明间五架梁随梁		花瓣及涡旋旋瓣	焊线、贴金
		次间五架梁随梁		花瓣及涡旋旋瓣	掭退
		前檐下金檩		咬合花瓣旋瓣	单色、掭退
		后檐下金檩			

地点	建筑	位置	方心形式及内容
沁阳北大寺	前拜殿	明间脊檩	
		次间五架梁	
		明间上金檩	
		上金檩枋侧面	
		后内檐平板枋	
		后内檐大额枋	
	后拜殿	三架梁	

地点	建筑	位置	方心形式及内容
沁阳北大寺	后拜殿	五架梁	
		下金檩	
		前檐平板枋	
		前檐大额枋	
洛阳山陕会馆	戏楼	天花梁	
	拜殿	明间五架梁	
		次间五架梁	
		明间七架梁	

地点	建筑	位置	方心形式及内容
洛阳山陕会馆	拜殿	次间七架梁	
		前檐明间双步梁	
		前檐次间双步梁	
	大殿	明间三架梁	
		次间三架梁	
		明间五架梁	
		次间五架梁	

地点	建筑	位置	方心形式及内容
洛阳山陕会馆	大殿	明间七架梁	
		次间七架梁	
济源阳台宫	大罗三清殿	后内额平板枋	
朱仙镇清真寺	大殿	七架梁梁底	
武陟嘉应观	东龙王殿	次间六架梁侧立面	
		次间六架梁侧底面	
	中大殿	明间天花梁侧面	
		次间天花梁侧面	
		天花梁底面	
周口关帝庙	飨殿	三架梁	

地点	建筑	位置	方心形式及内容
周口关帝庙	飨殿	五架梁	
		七架梁	
	大殿	三架梁	
		五架梁	
		七架梁	
	西看楼	次间五架梁	
	东看楼	次间五架梁	

地点	建筑	位置	方心形式及内容
禹州怀帮会馆	大殿	七架梁	
		五架梁	
禹州十三帮会馆	关帝前殿	明间四架梁	
		次间四架梁	
		西山四架梁	
		西山六架梁	
		东山六架梁	

地点	建筑	位置	方心形式及内容
禹州十三帮会馆	关帝前殿	东山四架梁	
		明间六架梁	
	关帝后殿	明间七架梁	
		次间七架梁	
		稍间五架梁	
		稍间七架梁	
济源大明寺	后佛殿	明间三架梁	
		明间五架梁	

地点	建筑	位置	方心形式及内容
济源大明寺	后佛殿	明间七架梁	
		明间七架梁北端	
		次间三架梁	
		次间五架梁	
		前檐西间次下金檩	
		前檐明间上金檩	
		前檐明间下金檩	
		东次后檐上金檩	
辉县山西会馆	拜殿	山面七架梁	
	大殿	明间三架梁	

地点	建筑	位置	方心形式及内容
辉县山西会馆	大殿	明间五架梁	
		山面七架梁	
安阳袁林	景仁堂	天花梁	
		天花梁随枋	

地点	建筑	位置	池子
登封城隍庙	大殿前檐	明间挑檐枋	
		次间挑檐枋	
	大殿后檐	挑檐枋	
洛阳山陕会馆	戏楼	天花梁底面中间	

地点	建筑	位置	池子
洛阳山陕会馆	戏楼	天花梁底面端部	
	拜殿	七架梁底面端	
		明间后檐下金檩	
		东山挑檐檩	
	大殿	明前平板枋	
		明脊檩	

地点	建筑	位置	池子
洛阳山陕会馆	大殿	明前下金檩	
		明前挑檐檩	
济源大明寺	后佛殿	东稍后内檐平板枋	
		西稍后内檐平板枋	

工艺做法	示例
社旗火神庙拜殿明间四架梁悬塑方心龙纹沥粉贴金	
社旗火神庙拜殿次间四架梁悬塑方心龙纹沥粉贴金	
社旗山陕会馆大座殿柱头贴塑兽头	
社旗山陕会馆大座殿西稍间大额枋头贴塑异兽	

工艺做法	示例
宋氏老屋外檐枋高浮雕、透雕施彩贴金	
宋氏老屋外檐枋焊线方心头	
阳台宫玉皇阁次间金檩灰色地拘黑行粉、开细白粉线	

参考文献

［1］王世襄.清代匠作则例（壹）[M].郑州：大象出版社，2000.

［2］梁思成.清式营造则例 [M].北京：中国建筑工业出版社，1981.

［3］中国营造学社.中国营造学社汇刊 [M].北京：国际文化出版公司，1997.

［4］王璞子.工程做法注释 [M].北京：中国建筑工业出版社，1995.

［5］刘叙杰，郭湖生.刘敦桢文集（第三卷）[M].北京：中国建筑工业出版社，1987.

［6］赵尔巽.清史稿 [M].中华书局，1976.

［7］孙大章.中国古代建筑史·清代建筑（第五卷）[M].北京：中国建筑工业出版社，2002

［8］白寿彝.中国通史（第九、十卷）[M].上海：人民出版社，1989.

［9］刘敦桢.中国古代建筑史 [M].北京：中国建筑工业出版社，1995.

［10］潘谷西.中国古代建筑史·元明建筑（第四卷）[M].北京：中国建筑工业出版社，
2001.

［11］何俊寿，王仲杰.中国建筑彩画图集 [M].天津：天津大学出版社，2006.

［12］蒋广全.中国清代官式建筑彩画技术 [M].北京：中国建筑工业出版社，2005.

［13］马瑞田.中国古建彩画艺术 [M].北京：中国大百科全书出版社，2002.

［14］边精一.中国古建筑油漆彩画 [M].北京：中国建筑工业出版社，2007.

［15］林徽因.林徽因讲建筑 [M].北京：九州出版社，2005.

［16］郭黛姮.华堂溢彩·中国古典建筑内檐装修艺术 [M].上海：科学技术出版社，2003.

［17］侯幼彬.中国建筑美学 [M].北京：中国建筑工业出版社，2009.

［18］刘允铢.华夏意匠——中国古典建筑设计原理分析 [M].香港：广角镜出版社出版，
1984.

［19］吴庆洲.建筑哲理、意匠与文化 [M].北京：中国建筑工业出版社，2005.

［20］马炳坚.中国古建筑木作营造技术 [M].北京：科学出版社，1991.

［21］刘畅.慎修思永——从圆明园内檐装修研究到北京公馆室内设计 [M].北京：清华大学
出版社，2004.

［22］中国文物研究所.祁英涛古建筑论文集 [M].北京：华夏出版社，1992.

［23］柴泽俊.柴泽俊古建筑文集 [M].北京：文物出版社，1999.

［24］杨焕成.杨焕成古建筑文集 [M].北京：文物出版社，2009.

［25］国家文物局.中国文物地图集 河南分册 [M].北京：中国地图出版社，1991.

［26］河南省文物局.全国重点文物保护单位 河南文化遗产 [M].北京：文物出版社，2007.

［27］萧默.中国建筑艺术史 [M].北京：文物出版社，1999.

［28］文化部文物保护科研所．中国古建筑修缮技术 [M]．北京：中国建筑工业出版社，1983．

［29］祁英涛．怎样鉴定古建筑 [M]．北京：文物出版社，1981．

［30］梁思成．营造法式注释 [M]．北京：中国建筑工业出版社，1983．

［31］河南省文物管理局．河南文物工作 50 年 [M]．郑州：文心出版社发行，2000．

［32］北京市建委技术协作委员会．古建筑彩画选 [M]．北京：北京市建委技术作委员会，
1984．

［33］王世仁．理性与浪漫的交织——中国建筑美学论文集 [M]．天津：百花文艺出版社，
2005．

［34］郭黛恒．中国古代建筑史：宋、辽、金、西夏建筑 [M]．北京：中国建筑工业版社，
2003．

［35］河南省文物管理局．河南文物精华·古迹卷 [M]．郑州：文心出版社，1999．

［36］郑州市文物考古研究所．郑州宋金壁画墓 第一版 [M]．北京：科学出版社，2005．

［37］姚洪峰，杨蔚青．洛阳山陕会馆保护与修复图说 [M]．北京：文物出版社出版，2009．

［38］杜启明，张斌远，余小川．中原文化大典·文物典·建筑卷 [M]．郑州：中原出版传媒集团、
中州古籍出版社，2008．

［39］国际古迹遗址理事会中国国家委员会．中国文物古迹保护准则——案例阐释 [R]．北京：
清华城市规划设计研究院文化遗产研究所，2005．

［40］中国文物研究所．文物科技研究（第一辑）[M]．北京：科学出版社，2004．

［41］中国文物研究所．文物科技研究（第二辑）[M]．北京：科学出版社，2004．

［42］中国文物研究所．文物科技研究（第三辑）[M]．北京：科学出版社，2005．

［43］中国文物研究所．文物·古建·遗产——首届全国文物古建研究所所长培训班讲义 [M]．
北京：北京燕山出版社，2007．

［44］清华大学建筑工程系建筑历史教研组．建筑史论文集第三辑 [C]．北京：清华大学建筑工
程系，1979．

［45］清华大学建筑系．建筑史论文集第九辑 [C]．北京：清华大学出版社，1988．

［46］清华大学建筑系．建筑史论文集第十辑 [C]．北京：清华大学出版社，1988．

［47］张复合．建筑史论文集第十四辑 [C]．北京：清华大学出版社，2001．

［48］张复合，贾珺．建筑史（2003 年第 1 辑）—建筑史论文集（第 18 辑）[C]．北京：机械
工业出版社，2003．

［49］张复合，贾珺．建筑史（2003 年第 2 辑）—建筑史论文集（第 19 辑）[C]．北京：机械
工业出版社，2003．

［50］张复合，贾珺.建筑史（2003年第3辑）—建筑史论文集（第20辑）[C].北京：机械工业出版社，2004.

［51］李路珂.甘肃安西榆林窟西夏后期石窟装饰及其与宋《营造法式》之关系初探（上）[J].敦煌研究，2008（3）.

［52］李路珂.甘肃安西榆林窟西夏后期石窟装饰及其与宋《营造法式》之关系初探（下）[J].敦煌研究，2008（3）.

［53］吴山.中国历代装饰纹样（第四册：辽、金、元、明、清）[M].北京：人民美术出版社，1989.

［54］张廷玉.明史[M].北京：中华书局，1974.

［55］楼庆西.中国传统建筑装饰[M].北京：中国建筑工业出版社，1999.

［56］王璞子.工程做法注释[M].北京：中国建筑工业出版社，1995.

［57］王世襄.锦灰堆：王世襄自选集[M].北京：生活·读书·新知三联出版社，1999.

［58］于倬云.紫荆城建筑研究与保护[M].北京：紫荆城出版社，1995.

［59］于倬云.中国宫殿建筑论文集[M].北京：紫荆城出版社，2002.

［60］吴梅.营造法式彩画作制度研究和北宋建筑彩画考察[D].南京：东南大学建筑学院，2004.

［61］张昕.山西风土建筑彩画研究[D].上海：同济大学建筑与城市规划学院，2007.

［62］王仲杰.试论元明清三代官式彩画的渊源关系[M].//于倬云.紫禁城建筑研究与保护——故宫博物院建院70周年回顾.北京：紫禁城出版社，1993.

［63］崔毅编.山西古建筑装饰图案[M].北京：人民美术出版社，1992.

［64］辛克靖.中国少数民族建筑艺术画集[M].北京：中国建筑工业出版社，2008.

［65］陈薇.元、明时期的建筑彩画[C] // 杨鸿勋.营造（第一辑）.北京：文津出版社，2001.

［66］黄文华.陕北匠作彩画与相关传统建筑的协调保护[D].西安：建筑科技大学，2009.

［67］吴葱.旋子彩画探源[J].古建园林技术，2000，69（4）.

［68］高业京.隐于僻壤的明代晋系彩画珍品[J].古建园林技术，2009（2）.

［69］王仲杰.明清官式彩画的保护问题[C].// 中国紫禁城学会论文集（第4辑）.北京：紫禁城出版社，2004.

［70］王仲杰.北京城皇城紫禁城城楼彩画配置分析[C].中国紫禁城学会论文集第5辑（上）.2007.

［71］高大伟.颐和园建筑彩画艺术[M].天津：天津大学出版社，2005.

［72］杜恒昌．明代官式旋子彩画 [J].古建园林技术，1998（2）．

［73］赵立德，赵梦文．清代古建筑油漆作工艺 [M].北京：中国建筑工业出版社，1999．

［74］楼庆西．中国古代建筑装饰 [C]．// 吴焕加，吕舟．建筑史研究论文集．北京：中国建筑工业出版社，1996．

［75］蒋广全，马炳坚．古建油饰彩画工程必须确立设计制度 [J].古建园林技术，1994（3）：20－22．

［76］陈薇．江南明式彩画构图 [J].古建园林技术，1994（1）：3-7．

［77］徐振江．唐代彩画及宋营造法式彩画制度 [J].古建园林技术，1994（1）：42-48．

［78］刘致平．中国建筑类型及结构 [M].北京：中国建筑工业出版社，2000．

［79］宇文洲．青绿山水画技法 [M].北京：人民美术出版社，1998．

［80］梁思成，林洙．中国古建筑图典 [M]．北京：北京出版社，1999．

［81］楼庆西．中国古建筑二十讲 [M].北京：读书．生活．新知三联书店，2001．

［82］中国会馆志编纂委员会．中国会馆志 [M].北京：方志出版社，2002．

［83］梁思成．梁思成全集（第七卷）[M].北京：中国建筑工业出版社，2001．

［84］王树村．中国民间画诀 [M].北京：北京工艺美术出版社，2003．

［85］陈磊．河南文物建筑历史遗存彩画抢救调查（一）——洛阳山陕会馆的彩画艺术 [N].中国文物报，2010-09-10（7）．

［86］陈磊．河南文物建筑历史遗存彩画抢救调查（二）——武陟嘉应观彩画调查研究 [N].中国文物报，2010-09-24（7）．

［87］傅立．北京传统建筑的色彩艺术 [J].古建园林技术，1998（4）．

［88］李路珂．营造法式彩画研究 [M].南京：东南大学出版社，2011．

［89］潘谷西．中国古代建筑史第四卷——元、明建筑 [M].北京：中国建筑工业出版社，2009．

［90］陈磊．周口关帝庙建筑彩画艺术研究 [J].中原文物，2011．

［91］严静．中国古建油饰彩画颜料成分分析及制作工艺研究 [D].西安：西北大学，2010．

［92］黄成．明清徽州古建筑彩画艺术研究 [D].苏州：苏州大学，2009．

［93］段牛斗．清代官式建筑油漆彩画技艺传承研究 [D].北京：中央美术学院美术学，2010．

［94］戴琪，赵长武，孙立三，等．中国古建筑中的彩画内涵浅析 [J].辽宁建材，2005（5）．

［95］李晓东．中国特色文物保护与文化自信 [J].中国文物科学研究，2010（2）．

后 记

　　近年来，我心无旁骛，专注于彩画的调查、研究和保护。这部著作即是这些年辛苦付出的初步成果。虽然对书中涉及的彩画遗存全部进行了实地调查，并就相关问题请教了专家学者，但在著作即将付梓之际，我的心情除了喜悦更多的还是忐忑。我深知，作为河南地区第一部有关文物建筑遗存彩画研究的专著，它还有许多不足。在此，也请读者多多批评指正。

　　在彩画研究和著作编写过程中，我得到了多方面的鼓励和帮助。作为弟子，我首先要感谢王仲杰先生。先生把我领进了彩画研究的殿堂，常常在家中耐心细致一一解答难题，更是多次不顾辛苦长途跋涉到现场解疑释惑。没有先生的谆谆教诲，就不会有我今天的成绩。其次还要感谢我的导师吕舟先生。本书是在吕老师指导的研究生毕业论文的基础上完成的，写作过程中和答辩时吕老师提出了许多修改意见。此外，还要感谢中国文化遗产研究院陈青研究员、故宫博物院张秀芬师姐，他们对我的工作给予了大力帮助。感谢郑州工程技术学院樊钢亮老师放弃暑假调研补拍照片。本书是在院领导支持和许多同事帮助下完成的。原所长秦曙光积极推动了河南古建筑彩画的调查和研究。杨振威院长高度重视本书的出版，多次过问、督促，提出明确要求。同事杨予川一直参与调查和后续资料整理，赵彤梅、杨华南、张亳提供了部分鸟瞰照片，付力、丁建杰、刘彬等多次参加调研，陈晨、刘彬与我共同完成照片和线图处理。郑州、开封、洛阳、安阳、焦作、南阳、周口、济源等地文物主管部门和文物保管所同事在调查过程中提供了诸多便利。天津大学出版社郭颖编辑对书稿作了认真校核，确保了出版质量。在此，向上述单位和个人致以最衷心的感谢！

陈　磊

2020-10-19